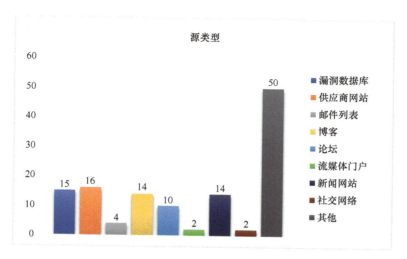

图 1.2　源类型

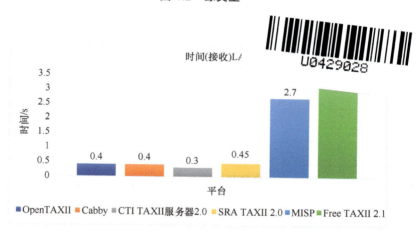

图 1.6　威胁情报平台（TAXII）的接收时间（LAN）

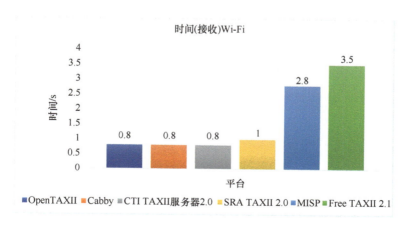

图 1.7　威胁情报平台（TAXII）的接收时间（Wi-Fi）

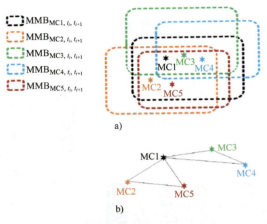

图 3.4 无向图 $G(V, E)$

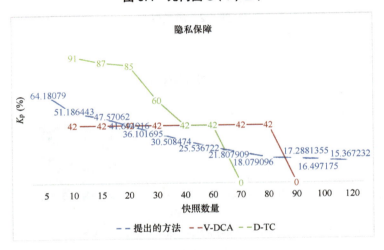

图 3.9 隐私保证

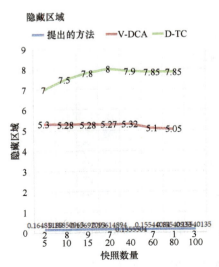
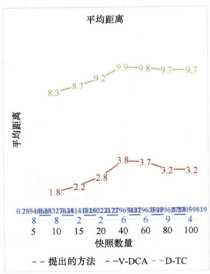

图 3.10 QoS

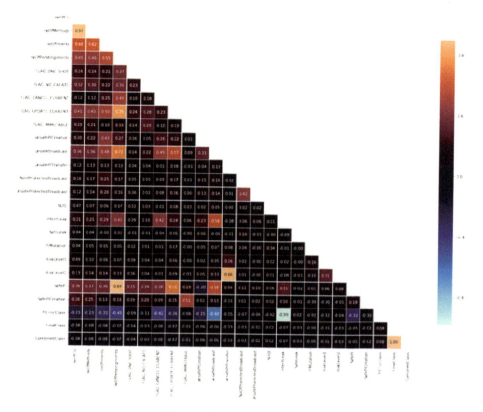

图 6.8　各属性之间的相关度

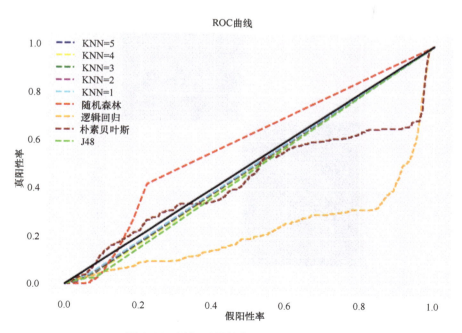

图 6.10　随机采样前的 AUC-ROC 曲线

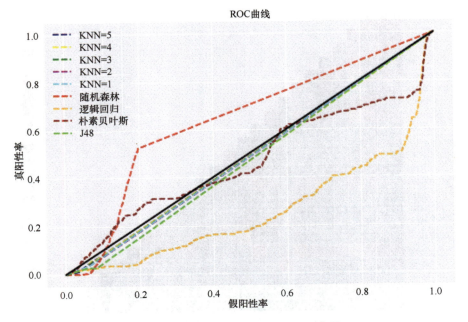

图 6.11 随机采样后的 AUC-ROC 曲线

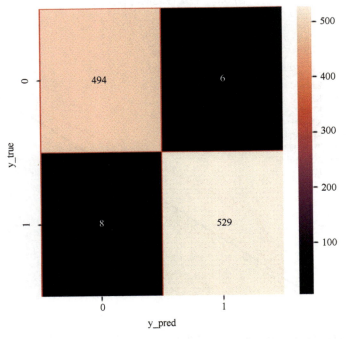

图 9.3 针对 ClaMP 恶意软件数据集提出的恶意软件检测系统混淆矩阵

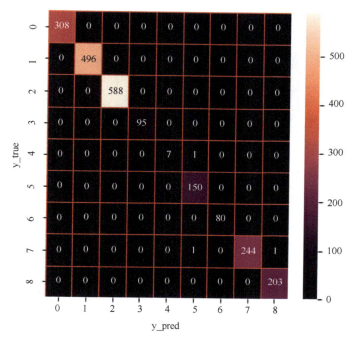

图 9.4 针对 BIG2015 恶意软件数据集提出的恶意软件检测系统混淆矩阵

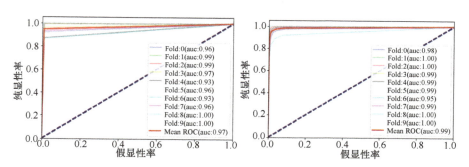

图 10.9 决策树分类器（左）和随机森林分类器（右）的 ROC 曲线

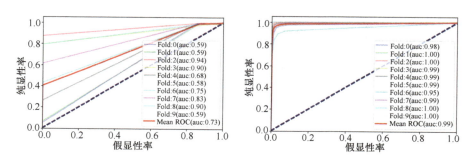

图 10.10 朴素贝叶斯分类器（左）和神经网络分类器（右）

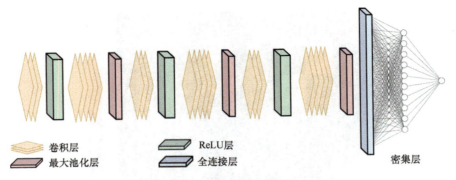

图 11.4 设计的网络架构通道

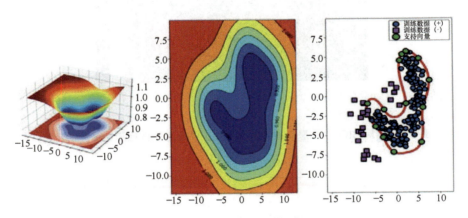

图 12.9 采用内核的容错热图生成

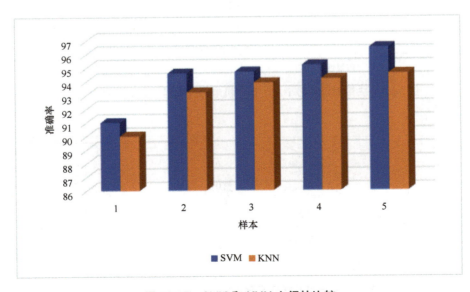

图 12.15 SVM 和 KNN 之间的比较

大数据分析和智能系统在网络威胁情报中的应用

[摩洛哥] 亚辛·马勒赫（Yassine Maleh）
[澳] 马穆恩·阿拉扎布（Mamoun Alazab） 等编著
[美] 罗埃·塔瓦尔贝赫（Loai Tawalbeh）
[英] 伊梅德·罗姆达尼（Imed Romdhani）

饶志宏　刘凌旗　何健辉　徐若禹　译
王传声　审校

机械工业出版社

计算机系统的网络威胁防护对于个人用户和企业来说是至关重要的网络安全任务，因为即便是单一的攻击也可能导致数据泄露和重大损失。巨大的损失和频繁的攻击凸显了对精确且及时的检测方法的需求。当前的静态和动态检测方法在面对零日漏洞攻击时，无法提供有效的检测。因此，可以利用大数据分析和基于机器智能的技术来提升检测能力。

本书面向大数据分析与智能系统领域的研究人员，专注于网络威胁情报（Cyber Threat Intelligence，CTI）以及关键数据的研究，以推动预测、禁止、预防、准备和应对安全问题的任务，涵盖的主题广泛，为读者提供了关于大数据分析和智能系统在网络安全情报应用中相关学科的多种视角。

本书旨在通过整合最新的研究成果和技术进展，帮助读者深入了解如何利用大数据和智能技术来加强网络安全防御，提高对潜在威胁的预判能力和响应效率。同时，它也为从事网络安全工作的专业人士提供了宝贵的参考资料，促进跨学科的知识交流和技术合作。

Big Data Analytics and Intelligent Systems for Cyber Threat Intelligence / by Yassine Maleh，Mamoun Alazab, Loai Tawalbeh, Imed Romdhani / ISBN: 9781003373384.

Copyright© 2022 by River Publishers.

Authorized translation from the English language edition published by River Publishers, publishing partner of the Taylor & Francis Group, LLC; All rights reserved.

本书原版由 River Publishers 出版，并经其授权翻译出版。版权所有，侵权必究。

China Machine Press is authorized to publish and distribute exclusively the Chinese (Simplified Characters) language edition. This edition is authorized for sale throughout Mainland of China (excluding Hong Kong SAR, Macao SAR and Taiwan). No part of the publication may be reproduced or distributed by any means, or stored in a database or retrieval system, without the prior written permission of the publisher.

本书中文简体字版授权由机械工业出版社独家出版并仅限在中国大陆地区（不包括香港、澳门特别行政区及台湾地区）销售。未经出版者书面许可，不得以任何方式复制或发行本书的任何部分。

Copies of this book sold without a Taylor & Francis sticker on the cover are unauthorized and illegal. 本书封面贴有 Taylor & Francis 公司防伪标签，无标签者不得销售。

北京市版权局著作权合同登记　图字：01-2025-0422 号

图书在版编目（CIP）数据

大数据分析和智能系统在网络威胁情报中的应用 /（摩洛哥）亚辛·马勒赫（Yassine Maleh）等编著；饶志宏等译. -- 北京：机械工业出版社，2025. 4.
ISBN 978-7-111-77911-7
Ⅰ. TP393.08
中国国家版本馆 CIP 数据核字第 20256LH528 号

机械工业出版社（北京市百万庄大街22号　邮政编码100037）
策划编辑：吕　潇　　　　　责任编辑：吕　潇
责任校对：郑　婕　张　薇　　封面设计：马若濛
责任印制：张　博
北京机工印刷厂有限公司印刷
2025年5月第1版第1次印刷
169mm×239mm · 13.75 印张 · 3 插页 · 275 千字
标准书号：ISBN 978-7-111-77911-7
定价：99.00 元

电话服务　　　　　　　　　网络服务
客服电话：010-88361066　　机　工　官　网：www.cmpbook.com
　　　　　010-88379833　　机　工　官　博：weibo.com/cmp1952
　　　　　010-68326294　　金　　书　　网：www.golden-book.com
封底无防伪标均为盗版　　　机工教育服务网：www.cmpedu.com

译者序
——以技术之光，照亮网络威胁对抗的迷雾

当今世界，数字化的浪潮席卷全球，网络威胁的复杂性与破坏力正以指数级攀升。从国家级 APT（Advanced Persistent Threat，高级持续性威胁）攻击到勒索软件肆虐，从供应链渗透到人工智能驱动的自动化攻击，网络安全已演变为一场没有硝烟却关乎生死存亡的战争。随着大数据、人工智能等前沿技术的迅猛发展，如何利用这些技术来应对网络安全风险，成为了学术界和工业界的共同关注点。在此背景下，《大数据分析和智能系统在网络威胁情报中的应用》一书翻译问世，恰似为这场战役中的防御者递上了一把兼具"望远镜"与"显微镜"功能的利器。

技术全景与实战导向的融合

本书虽非传统意义上的专著，却以独特的"技术拼图"形式，汇集了来自全球各地专家学者的前沿研究成果，涵盖了从基础理论到实际应用的广泛主题。每一章都代表了当前该领域的最新进展和技术突破。这种"工具链 + 方法论"的双重聚焦，使得本书既可作为安全团队构建威胁分析平台的实操指南，也能为学术研究者提供跨学科融合的创新启发，洞察未来可能的发展方向。

书中不仅深入探讨了网络安全威胁情报模型的构建与评估，还详细分析了开源网络应用防火墙、位置隐私保护、加密网络流量分析、安卓应用恶意软件属性识别、安卓 PendingIntent 安全分类、机器学习与区块链技术融合、网络入侵检测系统、恶意软件检测与分类、恶意软件与勒索软件检测预防以及生成对抗网络（GAN）生成图像检测等多个领域的前沿技术与研究成果。

翻译中的挑战与坚守

翻译本书的过程，如同在浩瀚的网络威胁迷雾中执灯前行，每一步都凝聚着点滴的智慧与热忱。网络威胁情报领域技术迭代迅猛，术语体系庞杂，加之跨学科知识交融，专业壁垒高耸。本书适合网络安全领域的研究人员和从业者阅读，对网络安全感兴趣的学生和爱好者而言也是一本极具价值的入门书籍。网络空间的对抗永无止境，唯有时刻保持对技术的敬畏与探索，方能在攻防博弈中抢占先机。

我们始终面临两大挑战：技术术语的精确性与技术逻辑的可读性。如 Indicator of Compromise（IoC）被译为"失陷指标"而非简单直译，以更贴合中文网络安全从业者的认知语境；针对交叉学科概念，我们通过添加译者注的方式，在保

留专业性的同时降低理解门槛；书中涉及诸多开源工具与算法模型（如 MISP 威胁情报平台、STIX/TAXII 数据标准），我们均逐一核实其最新版本特性与中文技术社区的命名习惯，确保读者能够无缝衔接理论与实战。

致谢与期许

  网络空间的安宁，需要每一位守护者的微光。本书汇聚了业内前沿技术，为网络安全领域的研究者和从业者提供了一份宝贵的参考资料。感谢原作者对网络安全事业的赤诚，以代码为剑、以数据为盾，在数字战场的前沿披荆斩棘。正是这些开拓者的勇气与洞见，让我们得以将世界顶尖的威胁对抗智慧传递给中文读者。

  感谢多位翻译和审校专家的支持，在无数个深夜与键盘为伴，为一处术语的精准译法争论不休，为一个技术逻辑的清晰呈现反复推敲，以"白帽黑客"般的严谨，逐行检视译文，确保技术内核不因语言转换而折损分毫。特别致谢中国电子科技集团公司第三十研究所金晶高工、第三十六研究所陈柱文高工和第四十三研究所冯东高工，你们不仅是文字的"转译者"，更是知识火种的"传递人"。

  翻译是一场孤独的马拉松，而家人的理解与亲友的鼓励始终是暗夜中最温暖的光。感恩包容我们因"一词之困"而心不在焉的晚餐，体谅我们为"攻防案例"而突然中断的对话。那些默默递上的一杯热茶、一句"注意休息"，皆是支撑我们走到终点的力量。在此愿以最诚挚的笔触，向那些为本译著诞生点亮星光的挚友们致敬。

  最后，致亲爱的读者，希望这本书能成为企业制定防御策略的参考手册、渗透测试人员突破技术瓶颈的灵感源泉，以及高校学子踏入网络安全领域的启蒙指南，助您在数据洪流中锚定攻击者的踪迹，桥接起中文世界与全球顶尖安全智慧。我们虽倾尽全力，疏漏谬误恐难尽免，若有表述偏差或术语失准，恳请各位同仁不吝指正。每一份批评皆是馈赠，每一次讨论皆为阶梯。愿以译本为引玉之砖，与同道者们共攀技术高峰，以谦卑之心守护数字世界的每寸疆土。

译者团队 谨识
于一个网络警报彻夜未眠的凌晨

原书前言

机器学习（Machine Learning，ML）正在逐步用于应对网络安全领域层出不穷的威胁。要使机器学习模型在实际应用中得到广泛接受并有效使用，专家和用户必须对模型的工作原理有清晰的理解，并且相信模型的输出是可靠的。尽管机器学习模型在网络安全领域[如入侵检测系统（Intrusion Detection System，IDS）]的应用越来越普及，但许多模型依然被视为"黑箱"。这些"黑箱"模型虽然能够做出有意义的预测，但随着应用的深入，利益相关者对模型的透明度和可解释性的需求不断增加。在网络安全中，解释机器学习模型的输出尤为重要，因为专家需要比简单的"是"或"否"这样的二进制结果更多的信息，从而支持他们的深入分析。

此外，大多数被检测到的入侵只提供了关于攻击某一阶段的有限信息。通过准确及时地了解入侵的各个阶段，我们不仅能提升网络检测和预防能力，还能增强对网络威胁的了解，并促进威胁信息的快速共享。一方面，大数据分析是一个涵盖多学科的数据分析方法的总称，运用先进的数学和统计技术来分析海量数据集。尽管数据科学是一个强大的工具，可以用来提高数学模型的能力，但其效果取决于所使用的数据质量。大数据分析是将智能技术应用于数据，通过分析将数据转化为有价值的见解，从而为行业和社会提供可操作的指导。大数据分析为组织带来了诸多好处，推动了企业的竞争力和创新能力。

另一方面，大数据可能包含敏感信息和私密信息，这些信息在分析过程中可能面临泄露的风险。大数据集通常来源于多个渠道，如数据库、数据仓库、日志文件和事件文件等。此外，数据还可能来自安全防护系统，如入侵防御系统，以及用户生成的数据，例如电子邮件和社交媒体内容。因此，保护个人和组织的数据安全至关重要。本书将探讨这些问题，并展示在网络威胁狩猎、网络威胁信息以及大数据分析领域的最新研究成果。因此，计算机系统的网络威胁防护是个人用户和企业面临的最重要的网络安全任务之一，因为即使是一次单一的攻击，也可能导致数据泄露和严重的经济损失。频繁的攻击和巨大的损失要求我们采用准确且及时的检测方法。然而，现有的静态和动态检测方法在面对零日漏洞攻击时并不有效。因此，可以使用大数据分析和基于机器智能的技术来提升检测能力。

本书汇集了许多来自大数据智能与网络安全领域的科学家和实践者的前沿贡献，展示了这一领域的最新研究成果。本书旨在为相关领域的学生、研究人员、工程师以及专业人士提供重要参考，帮助他们深入了解这一领域的多个方面，并探索智能系统和数据分析在网络威胁预防与检测中的最新进展。本书共 12 章，内容涵盖大数据分析与智能系统在网络安全中的多种应用，如网络威胁情报、入侵检测、恶意软件分析和区块链等领域。

我们借此机会向本书的所有贡献者表示感谢，感谢他们在审阅和提供反馈方面所做的辛勤工作。作者们特别感谢来自 River Publisher 的 Rajeev Prasad、Junko Nakajima 和 Nicki Dennis，感谢他们在编辑工作和出版过程中提供的支持和帮助。如果没有大家的共同努力，这本书是不可能完成的。

亚辛·马勒赫 教授 | 摩洛哥 霍里布加
马穆恩·阿拉扎布 教授 | 澳大利亚 达尔文
罗埃·塔瓦尔贝赫 教授 | 美国 圣何塞
伊梅德·罗姆达尼 教授 | 英国 爱丁堡

作者简介

亚辛·马勒赫（https://orcid.org/0000-0003-4704-5364）目前是摩洛哥的苏丹穆莱·苏莱曼大学网络安全和信息技术治理副教授。他是摩洛哥 IEEE 顾问网络的创始主席，以及非洲信息技术和网络安全研究中心的创始主席、IEEE 的高级会员，也是国际工程师协会（IAENG）和机器智能研究实验室的成员。马勒赫博士在信息安全和隐私、物联网安全以及无线和受限网络安全领域作出了贡献，他的研究兴趣包括信息安全和隐私、物联网、网络安全、信息系统和 IT 治理等。他发表了 100 多篇论文（书籍章节、国际期刊和会议／研讨会）、出版了 23 本图书。他是《国际信息安全与隐私杂志》和《国际智能安全技术杂志》的主编。他担任 IEEE Access（2019 年影响因子 4.098）、《国际数字犯罪与法医学杂志》（IJDCF）和《国际信息安全与隐私杂志》（IJISP）的副主编。他是 CRC Taylor & Francis 出版社"网络安全管理进展"系列的编委。他还是 2019 年 7 月至 9 月《国际数字犯罪与法医学杂志》（IJDCF）第 10 卷第 3 期关于物联网网络安全和隐私最新进展的特刊的客座编辑。他曾在执行和技术计划委员会任职，并继续担任许多国际会议和期刊的评审员，如 Elsevier《自组网络》、IEEE《网络杂志》、IEEE《传感器杂志》、ICT Express 和 Springer《集群计算》。他是 2019 年 BCCA 的宣传主席，也是 MLBDACP 19 研讨会和 ICI2C'21 会议的主席。他获得了 2018 年和 2019 年 Publon Top 1% 评论奖。

马穆恩·阿拉扎布（https://orcid.org/0000-0002-1928-3704）目前是澳大利亚查尔斯·达尔文大学工程、信息技术和环境学院的副教授。他获得了澳大利亚联邦大学科学、信息技术和工程学院的计算机科学博士学位。他是一名具有行业和学术经验的网络安全研究者和实践者。阿拉扎布博士的研究是多学科交织的，侧重于计算机系统的网络安全和数字取证，包括网络环境中当前和新出现的问题，如网络物理系统和物联网，同时考虑到这些环境中存在的独特挑战，重点是网络犯罪的检测和预防。他研究了机器学习作为网络安全的基本工具的融合使用，例如将其用于检测攻击、分析恶意代码或发现软件中的漏洞。他发表有 100 多篇研究论文。根据澳大利亚科学院的提名，他获得了日本科学促进会（JSPS）的短期奖学金。他发表了许多主题演讲，仅 2019 年就有 27 场活动。他召集并主持了 50 多次研讨会。他是 IEEE 北领地分部的创始主席（2019 年 2 月至今）、IEEE 的高级会员、阿曼信息技术管理局（ITA）的网络安全学术大使、IEEE 计算机学会安全和隐私技术委员会（TCSP）的成员，并在许多项目上与政府和行业密切合作，包括 IBM、趋势科技、澳大利亚联邦警察局（AFP）、澳大利亚通信和媒体管理局（ACMA）和 UNODC 西太平洋银行等。

罗埃·塔瓦尔贝赫（https://orcid.org/0000-0002-2294-9829）于 2004 年获得美国俄勒冈州立大学电子与计算机工程博士学位。塔瓦尔贝赫博士目前是得克萨斯 A&M 大学圣安东尼奥分校计算和网络安全系的副教授。在此之前，他是加州大学圣塔芭芭拉分校的客座研究员。自 2005 年以来，他一直在纽约理工学院（NYIT）、德保罗大学和约旦科技大学教授/开发超过 25 门计算机工程学科和科学的课程，重点是网络安全。塔瓦尔贝赫博士获得了超过 200 万美元的研究资助和奖励。他在国际期刊和会议上发表了 80 多篇研究论文。

伊梅德·罗姆达尼自 2005 年 6 月以来一直是英国爱丁堡龙比亚大学网络专业副教授。他于 2005 年 5 月获得法国贡比涅技术大学（UTC）的博士学位。他还分别于 1998 年和 2001 年获得了突尼斯国立计算机科学学院（ENSI）和法国斯特拉斯堡路易斯·巴斯德大学的工程学和网络硕士学位。他与巴黎的摩托罗拉研究实验室广泛合作，并获得了四项专利。

目 录

译者序
原书前言
作者简介
导　语 ·· 1
第1章　网络威胁情报模型分类方法和共享平台的评估 ··················· 3
　1.1　引言 ··· 4
　1.2　相关工作 ··· 4
　　1.2.1　现有技术的局限性 ·· 7
　1.3　评价标准 ··· 7
　　1.3.1　部署设置 ··· 8
　1.4　信息安全数据源的分类 ·· 10
　　1.4.1　分类法 ··· 10
　　1.4.2　源类型 ··· 10
　　1.4.3　信息类型 ··· 11
　　1.4.4　可集成性 ··· 11
　1.5　威胁情报平台中的信任度与匿名性 ·· 14
　1.6　威胁情报平台（TAXII）的时间（速度）······································· 17
　1.7　威胁情报平台（TAXII）的接收时间 ·· 19
　1.8　结论 ··· 20
　参考文献 ··· 21
第2章　开源网络应用防火墙的网络威胁情报评估 ························· 25
　2.1　引言 ··· 25
　2.2　开源网络应用防火墙 ·· 27
　　2.2.1　ModSecurity ··· 27
　　2.2.2　AQTRONIX Webknight ·· 28
　2.3　研究方法 ··· 29

2.3.1　ModSecurity 和 AQTRONIX Webknight 的部署实施 ……………… 29
　　2.3.2　数据集描述 ……………… 30
　　2.3.3　实验环境 ……………… 31
　　2.3.4　评估指标 ……………… 31
2.4　结果与讨论 ……………… 32
　　2.4.1　结果 ……………… 32
　　2.4.2　讨论 ……………… 34
2.5　建议 ……………… 34
2.6　结论 ……………… 35
参考文献 ……………… 35

第3章　位置隐私综合研究和保护 LBS 用户隐私的有效方法 ……………… 37
3.1　引言 ……………… 37
3.2　隐私攻击模型 ……………… 38
　　3.2.1　连续位置攻击 ……………… 38
　　3.2.2　上下文信息链接攻击 ……………… 39
3.3　隐私保护机制 ……………… 40
　　3.3.1　隐身 ……………… 40
　　3.3.2　加密技术 ……………… 40
　　3.3.3　混淆技术 ……………… 40
　　3.3.4　虚拟程序 ……………… 41
　　3.3.5　混合区 ……………… 41
3.4　隐私保护机制比较 ……………… 41
3.5　环境类型 ……………… 42
3.6　贡献机理 ……………… 43
3.7　本章研究在欧氏空间中的贡献 ……………… 44
　　3.7.1　欧氏空间中隐藏候选集的选择方法 ……………… 45
　　3.7.2　创建合格隐藏区域的方法 ……………… 45
　　3.7.3　运行方法 ……………… 45
　　3.7.4　所提方法的隐藏原则 ……………… 46
　　3.7.5　生成虚拟对象（虚拟查询） ……………… 47
3.8　实验 ……………… 47
3.9　相关研究的比较 ……………… 49
3.10　结论 ……………… 50
参考文献 ……………… 50

第 4 章　加密网络流量分析的机器学习模型　53

- 4.1　引言　53
- 4.2　文献综述　54
- 4.3　背景　55
  - 4.3.1　监督学习　55
  - 4.3.2　无监督学习　55
  - 4.3.3　半监督学习　56
- 4.4　实验分析　56
  - 4.4.1　数据集　56
  - 4.4.2　特征分析　57
  - 4.4.3　预处理　58
  - 4.4.4　模型结果　58
- 4.5　讨论和未来工作　63
- 4.6　结论　63
- 参考文献　64

第 5 章　用于识别恶意软件属性的安卓应用程序剖析和分析工具对比分析　66

- 5.1　引言　66
- 5.2　相关工作和当前贡献　67
- 5.3　安卓操作系统背景和基本概念　67
  - 5.3.1　安卓操作系统架构　67
  - 5.3.2　安卓应用程序基础　69
- 5.4　安卓应用程序恶意软件属性及剖析流程　69
  - 5.4.1　安卓应用程序恶意软件属性　69
  - 5.4.2　安卓应用程序恶意软件剖析　71
- 5.5　安卓应用程序剖析和恶意软件分析工具　72
- 5.6　结论和未来工作　76
- 参考文献　77

第 6 章　对安卓处理意图攻击进行分类的机器学习算法　79

- 6.1　引言　79
- 6.2　威胁模型　80
  - 6.2.1　观察　81
  - 6.2.2　研究的意义　82
- 6.3　数据收集和预处理　82
  - 6.3.1　数据集讨论　83

6.3.2 数据集 ····· 85
6.3.3 随机过采样和异常值预处理 ····· 85
6.3.4 相关度计算 ····· 86
6.4 确定最佳机器学习模型 ····· 88
6.4.1 混淆矩阵 ····· 89
6.4.2 精确率 ····· 89
6.4.3 准确度 ····· 89
6.4.4 召回率 ····· 89
6.4.5 F1 值 ····· 89
6.4.6 接收方操作特性及曲线下面积 ····· 90
6.5 讨论 ····· 90
6.6 相关工作 ····· 92
6.6.1 局限性和未来工作 ····· 93
6.7 结论 ····· 93
参考文献 ····· 93

第 7 章 安全应用中的机器学习和区块链集成 ····· 97

7.1 引言 ····· 97
7.2 研究方法 ····· 98
7.3 背景 ····· 99
7.4 区块链技术 ····· 100
7.4.1 区块链技术简介 ····· 100
7.4.2 区块链技术的应用 ····· 102
7.4.3 智能合约 ····· 104
7.4.4 区块链解决方案在网络安全方面的缺点 ····· 106
7.5 机器学习技术 ····· 107
7.5.1 概述 ····· 107
7.5.2 网络安全应用 ····· 107
7.5.3 缺点 ····· 109
7.6 机器学习与区块链技术集成 ····· 110
7.6.1 区块链改进机器学习解决方案 ····· 110
7.6.2 机器学习改进区块链解决方案 ····· 114
7.7 未来工作 ····· 118
7.8 结论 ····· 119
参考文献 ····· 120

第8章　基于智能混合网络入侵检测系统的网络威胁实时检测 …………… 131
- 8.1　引言 ……………………………………………………………………………131
- 8.2　有关工作 ………………………………………………………………………133
- 8.3　提出的方法 ……………………………………………………………………134
  - 8.3.1　系统的整体架构概述 …………………………………………………134
  - 8.3.2　系统组成及其工作原理 ………………………………………………135
  - 8.3.3　NIDS 旧模型的局限性和改进点 ……………………………………136
  - 8.3.4　提出模型架构 …………………………………………………………136
  - 8.3.5　新模型的组件 …………………………………………………………136
  - 8.3.6　新模型的工作原理 ……………………………………………………137
- 8.4　实验和结果 ……………………………………………………………………139
  - 8.4.1　网络基线建模 …………………………………………………………139
  - 8.4.2　训练数据集——CICIDS2017 ………………………………………140
  - 8.4.3　以决策树算法进行分类 ………………………………………………141
  - 8.4.4　讨论 ……………………………………………………………………142
- 8.5　结论 ……………………………………………………………………………143
- 参考文献 ……………………………………………………………………………143

第9章　基于提升树学习范式的智能恶意软件检测与分类 ………………… 146
- 9.1　引言 ……………………………………………………………………………146
- 9.2　文献综述 ………………………………………………………………………148
- 9.3　提出的方法 ……………………………………………………………………149
  - 9.3.1　选择提升分类器的基本原理 …………………………………………149
  - 9.3.2　概述 ……………………………………………………………………149
  - 9.3.3　用于评估的分类器 ……………………………………………………150
- 9.4　实验结果 ………………………………………………………………………151
  - 9.4.1　数据集 …………………………………………………………………151
- 9.5　结果与讨论 ……………………………………………………………………154
- 9.6　结论 ……………………………………………………………………………156
- 参考文献 ……………………………………………………………………………157

第10章　基于人工智能技术的恶意软件和勒索软件分类、检测和防护 …… 159
- 10.1　引言 …………………………………………………………………………159
- 10.2　恶意软件和勒索软件 ………………………………………………………160
- 10.3　人工智能 ……………………………………………………………………161
- 10.4　相关工作 ……………………………………………………………………162

10.5	使用人工智能的恶意软件检测	164
10.6	勒索软件检测	167
10.6.1	方法论	167
10.6.2	实验和结果	168
10.7	结论	170
参考文献		171

第 11 章　基于神经网络的高质量 GAN 生成面部图像检测　176

11.1	引言	176
11.1.1	本章内容	177
11.2	现有技术	177
11.3	交叉共现矩阵计算	178
11.4	评估方法	180
11.4.1	数据集	180
11.4.2	网络架构	181
11.4.3	韧性分析	182
11.5	实验结果	182
11.5.1	实验设置	182
11.5.2	检测器的性能和鲁棒性	183
11.5.3	JPEG 感知跨协作网络的性能和鲁棒性	185
11.6	结论和未来工作	187
参考文献		188

第 12 章　基于机器学习技术的网络路由器容错　190

12.1	引言	190
12.2	相关工作	192
12.2.1	现有方法的比较分析	193
12.3	系统架构	194
12.3.1	支持向量机（SVM）	195
12.3.2	K- 近邻（KNN）	197
12.4	结果分析	199
12.5	结论	203
参考文献		203

导　语

　　随着针对关键基础设施的网络攻击不断增加和演变，亟需自动化系统来辅助人工分析。面对庞大的信息量和数据量，要从中筛选出可操作的信息几乎是不可能的，许多时候让人不知道从何入手，而且追踪这些攻击就像是在大海捞针。传统的攻击情报分析通常是一个反复迭代且以人工为主的过程，需要分析大量数据，以识别入侵者的复杂行为模式。此外，大多数被检测到的入侵信息有限，仅涉及攻击的某一阶段。对攻击全过程的准确、及时了解将有助于提升我们的网络检测与防御能力，增强对网络威胁的认知，并促进威胁信息的即时共享，从而实现多个环节的信息交流。

　　大数据分析是一个涵盖多个学科的总称，它利用先进的数学和统计方法来分析大规模的数据集。虽然数据科学是一种强大的工具，可以提升性能，但它的效果取决于用于开发解决方案的数据质量。换句话说，数据科学的能力取决于所使用的数据是否准确和可靠。大数据分析将智能引入数据，通过分析转化为对行业和社会具有实际价值的见解。这种分析为组织带来诸多益处，推动了竞争力提升和创新。

　　机器学习（ML）正在逐步应用于应对网络安全领域层出不穷的威胁。要使机器学习模型在实际应用中得到广泛接受并有效使用，专家和用户必须对模型的工作原理有清晰的理解，并且相信模型的输出是可靠的。尽管机器学习模型在网络安全领域[如入侵检测系统（IDS）]的应用越来越普及，许多模型依然被视为"黑箱"。这些"黑箱"模型虽然能够做出有意义的预测，但随着应用的深入，利益相关者对模型的透明度和可解释性的需求不断增加。在网络安全中，解释机器学习模型的输出尤为重要，因为专家需要的是更多的信息来支持他们的深入分析，而不是简单的"是"或"否"这样的二进制结果。

　　另一方面，大数据可能包含敏感信息和私人信息，这些信息在分析过程中可能面临泄露的风险。大数据集来自多种数据源，例如数据库、数据仓库以及日志和事件文件。此外，数据还可能来自安全防护系统（如入侵防御系统）以及用户生成的数据（例如电子邮件和社交媒体帖子）。因此，保护个人和组织的数据安全至关重要。计算机系统的网络威胁防护是个人用户和企业最重要的网络安全任务之一，因为即使是一次攻击，也可能导致数据泄露并造成重大损失。频繁的攻击和巨大的损失凸显了准确和及时的威胁检测方法的必要性。现有的静态和动态方法在检测效率上存在不足，尤其是在应对零日漏洞攻击时，传统的检测手段常常力不从心。本书旨在解决上述问题，并向读者展示在网络威胁狩猎、网络威胁情报以及大数据分析领域的最新研究成果。

因此，大数据分析和机器智能技术可以应用于网络安全领域。本书汇集了大数据分析和智能系统领域的研究人员与专家，专注于网络威胁情报（Cyber-Threat Intelligence，CTI）及关键信息的研究，旨在推动预测、阻止、预防、准备和应对内部安全威胁的工作。书中涵盖了广泛的主题，为读者提供了多个不同学科的视角，帮助理解大数据分析和智能系统在网络威胁情报应用中的重要作用。

本书提出了有效的网络威胁情报策略的实际有效解决方案，考虑了物联网、区块链等最新的技术发展，旨在帮助决策者、管理者、网络安全专业人士和研究人员研究新的网络安全范式，把握机器智能和大数据分析的新机遇。本书结合了理论概念与实际应用案例，确保读者（无论是初学者还是专家）能够理解与网络威胁情报相关的概念及背景。

关键词：大数据分析，机器学习，网络安全，网络威胁情报，情报分析，入侵检测

第 1 章 网络威胁情报模型分类方法和共享平台的评估

Hassan Jalil Hadi[1,2,3], Muhammad Adeen Riaz[4], Zaheer Abbas[5], Khaleeq Un Nisa[6]

[1] 巴基斯坦巴赫利亚大学计算机科学系
[2] 巴基斯坦巴赫利亚大学网络安全和数据科学专业
[3] 巴基斯坦巴赫利亚大学网络侦察战斗专业
[4] 巴基斯坦卡拉奇联邦工程与信息技术大学信息技术系
[5] 巴基斯坦伊斯兰堡里法国际大学
[6] 巴基斯坦伊斯兰堡里法国际大学网络安全与数据科学系

电子邮箱：Hjalil.buic@bahria.edu.pk; m.adeen@kfueit.edu.pk; zhr670@outlook.co; engrkhaleeq54@gmail.com

摘要

为保护资产、数据和信息免受先进且日益复杂的网络威胁侵害，网络防御人员应当比网络罪犯提前采取行动。当且仅当网络防御人员发现攻击事件或在攻击事件发生之前就收集到足够多有关威胁、风险、漏洞、攻击和应对策略的信息时，网络防御这一过程才有可能真正达成。网络安全从业人员从多个渠道（即威胁情报共享平台，如邮件列表或专家博客等）搜集网络威胁信息，数据源从各个组织扩展到公开信息源。威胁情报需要提供关于潜在或现有威胁的证据信息。威胁情报的优势在于安全行动的有效性与检测和预防能力的高效性。良好的网络威胁情报需要一个包含威胁信息的知识库和一种能够良好表达上述信息的方式。为此，研究人员借助了分类法、本体和共享平台等概念。本章所提出的网络威胁情报模型能够帮助网络安全专家检验他们的威胁情报获取及分析能力，并了解他们在不断变化的网络威胁环境中的立场。此外，该模型还用于分析和评估众多现有分类法、本体和与网络威胁情报共享平台。结果表明，在网络安全社区中，需要一个涵盖整个网络威胁情报领域的本体。

关键词：网络威胁情报，威胁情报共享平台，信息安全数据源，网络攻击溯源

1.1 引言

为了抵御网络威胁，网络安全组织制定了各种漏洞管理方法，开展了感知培训课程，这类课程也是其信息安全计划的一部分[2, 3]。需要强调的是，这些应对措施必须得到改进，从而形成共享数据安全源之间相互合作、自动化沟通和共同协商的趋势。实现上述目标需要借助多种实践和研究方法[4, 5]。公共数据安全信息源被定义为提供有关可能的威胁、风险、攻击、漏洞、对策和受影响资产的信息的信息源（ISO 和 Std，2009）。在研究和实践的过程中，引入了多种框架、技术、数据格式和消息协议，从而实现了自动化和标准化的信息安全交换。有关公共"信息安全"数据源和威胁共享的研究很少，因此，一些平台开始进军"威胁情报共享"市场。Sauerwein 等人[6]强调了这一信息可以通过这些平台访问安全数据，并在公共"信息安全"数据源上找到这些数据。

本研究的主要目的是通过分析公开可用的威胁情报共享平台来识别和解决它们之间的差距。其结果是公共安全数据源不可用，其依赖关系没有通过研究和实践得到系统且全面的审查。此外，还需要对这些信息安全数据源进行适当的分类，以便可以将它们与之前的数据源进行比较。

为了了解各种"威胁情报共享平台（Threat Intelligence Sharing Platform，TISP）"中标准、来源、挑战和差距的广度，作者进行了广泛且深入的分析：

（1）定义支持可信自动情报交换平台的性能矩阵；
（2）实现支持可信自动情报交换的平台（开源免费使用）；
（3）对以下参数进行性能测试：

- 信任度；
- 匿名性；
- 时间（速度）。

信息安全数据源的分类方案主要基于以下几个关键方面：

（1）信息类型；
（2）及时性；
（3）可集成性；
（4）原创性；
（5）源类型；
（6）可信度。

1.2 相关工作

网络威胁情报（Cyber Threat Intelligence，CTI）从学术和商业的角度对组织、机构和企业进行了全面分析，它可以识别出与"信息安全"数据共享过程直接相关的各种成果。这些成果侧重于分析不同模型，这些模型与共享"信息安全"、数据源、共享"威胁情报"以及其他平台相关。已经有专家对信息安全交换与协议的可扩展性和互操作性用案例进行了分析研究。Steinberger 等人[8] 对当前信息进行了形式化分析，Hernandez-Ardieta 等人[9] 提出了基于可度量安全性（Making Security Measurable，MSM）的实时共享信息模型。

Qamar 等人[10] 和 Mattern 等人[11] 强调了网络威胁情报的主动方式，以预测威胁并加强对未来攻击成功的认识。该研究旨在提供一种基于"网络本体语言（Web Ontology Language，OWL）"的威胁分析机制，以实现对大量网络威胁情报数据的自动评估。研究人员所建议的框架旨在识别威胁的重要性和概率，并评估网络的风险。Burger 等人[12] 也对网络威胁情报进行了科学的讨论。他们提出了一种分类模型，用于对当前"网络威胁信息"交换技术中所涉及的各种网络威胁情报技术之间的差异进行分类、识别和披露。Tounsi 和 Rais[13] 给出了各种威胁情报表格。他们的重点是制定新标准，介绍最新趋势，并分析技术问题。同样，Mavroeidis 等人[7] 成功开发了本体和共享标准的分类方案。相关研究和实践表明，数据格式、框架、消息协议和技术等方案已经日趋成熟，上述方案实现了信息安全数据的自动化和标准化交换[14]。

Menges 和 Pernul 建立了一个处理模型，用于比较不同的事件报告格式。根据结构化事件交换通用模式（Universal Pattern for Structured Incident Exchange，UPSIDE）模型，创建了一组结构化需求来进行事件报告格式的对比。研究人员选择 STIX 1.0、STIX 2.0、IODEF 1.0、IODEF 2.0、VERIS 和 X-ARF 6 种模型进行分析。参与研究的人员虽然有着不同的背景和目标，但他们的共同点是都对网络威胁情报感兴趣。这是完善网络安全机制的关键要素。网络威胁情报可以帮助组织：

- 巧妙地应对网络攻击；
- 了解当前和未来的威胁；
- 有效地检测现有威胁；
- 更好地应对和理解挑战 / 攻击；
- 制定准确、全面的防御策略。

网络威胁情报必须具有可操作性，以充分发挥其潜力。研究人员认为，如果网络威胁情报不能证明其行动或决定是合理的，那么它就毫无用处。需要强调的是，网络威胁情报必须具有相关性。如果从制度或技术角度来看，一个组织的网络威胁情报与其自身不相关，那么将网络威胁情报收集到该组织就是无用的。网络威胁情报数据的及时性是一个值得关注的重要问题[12]。攻击者开发新的技术和工具来破坏系统和网络，所以数据相关性至关重要，数据使用人员需要不断更新他们的使用记录。值得一提的是，有各种各样的外部网络威胁情报源可供选择。外部数据源有两类，即商业源和开放源，政府和非政府源也有区别。网络威胁情报是基于组织的目标和需求进行收集的，网络威胁情报平台可用于组织内的数据采购和交换，市场上有不同的平台解决方案，每种解决方案都具有一系列的功能。

网络威胁情报是一个宽泛的概念，对此研究人员没有一个一致的理解或定义。Sauerwein 等人[6]明确了五个专注于 IOC 共享的平台，它们中的大多数都侧重于数据收集，或多或少忽视了情报的生命周期，所提供的数据不能算作最严格意义上的情报。根据他们的说法，网络威胁情报共享平台提供的评估和可视化能力有限，它们落后于其他领域的信息共享平台和信息挖掘解决方案。简而言之，网络威胁情报的发现取决于感知者的眼睛。

在订阅网络威胁情报数据馈送、框架或加入网络威胁情报社区之前，需要确保网络威胁情报的质量满足组织的要求和需要。重要的是，要确保所消耗的数据是及时的、相关的和有效的，以便更好地进行主动网络威胁情报报告[16]。数据来源的方式、时间和源头也是很重要的。在为组织选择网络威胁情报源之前，安全从业者应该考虑上述问题。手动生成的大量复杂网络威胁情报数据的验证变得极具挑战性。值得注意的是，手动生成的情报信息在网络威胁情报方面往往存在冗余和不完整的问题[10]。Qamar 等人认为，这种数据冗余性和不完整性使得研究人员在分析样本网络威胁情报报告时，更加难以识别这些威胁情报对特定网络的意义[10]。

高级持续性威胁（Advanced Persistent Threat，APT）与快速变化的网络攻击形势相互交换网络威胁信息。大多数情况下，APT 攻击会利用存在于多个系统、产品或网络中的漏洞，而不是针对单个目标发起攻击，因此有关组织何时以何种方式受到威胁，以及为何受到威胁等信息就非常重要。根据所提供的信息，其他组织也可以预防同样的攻击。组织之间相互交换信息是网络威胁情报的一个基本支柱。网络威胁情报应满足特定要求，即提供的信息应具有相关性、可操作性和时效性。冗余、不完整和不准确等质量问题阻碍并损害了网络威胁情报框架的有效性。在这种情况下，采用标准化的方法生成和共享网络威胁情报数据势在必行。

建立网络威胁情报数据共享标准和框架的研究与发展重点，主要集中在开发一种标准化的语言、记录网络威胁的结构以及实现自动化和标准化分发的技术和工具。

目前市场上最有前景的网络威胁情报标准是"可信自动情报交换（Trusted Automated Exchange of Information，TAXII）"和"结构化威胁信息表达式（Structured Threat Information Expression，STIX）"。STIX 和 TAXII 是开放社区不断发展的成果。MITRE 公司最初代表美国国土安全部，并在其资助下担任 STIX 和 TAXII 社区的创建者和主持人。2015 年，美国国土安全部将 STIX 和 TAXII 移至"OASIS 网络威胁情报技术委员会（OASIS CTI TC）"做进一步发展。如今，STIX 和 TAXII 在网络威胁情报社区得到了广泛讨论。此外，它们已经被纳入许多网络威胁情报平台和工具中，这一情况使它们成为网络威胁情报共享及使用的事实标准[18]。许多研究人员已经确定了威胁情报共享平台的诸多挑战和需求[19-22]。

此外，为实现网络安全数据的统一共享，进行了各种标准化工作，例如 STIX、TAXII、网络可观察表达式（Cyber Observable Expression，CybOX）、开放失陷指标（Open Incident of Compromise，OpenIOC）或安全事件描述交换格式（Incident Description Exchange Format，IODEF）[23,24]。为了对特定应用进行正确的标准化，Burger等人提出了一个框架，借助该框架可以对标准进行分析和评估。此外，这些标准构成了当前威胁情报共享平台的基础[12]。

与威胁情报共享平台相关的研究非常有限。在参考文献[25]中，SANS研究所概述了一小部分开源电信基础设施项目（TIP），包括"威胁协作研究（CRIT）""恶意软件信息共享平台（MISP）""MANTIS网络情报管理框架""集体情报框架（CIF）"和SoltraEdge，得出的结论是信息交换的前景仍然不明朗。Brown等人[20]描述了与共享威胁情报、社区需求和期望平台相关的许多困难。这些影响仅集中在现有威胁共享平台的一个子集上，没有进行全面的现代技术分析。可以找到一些与组织中威胁情报共享相关的研究，例如治理管理软件、风险和合规软件（GRC）中的供应商、安全软件市场和云提供商信息。

Wagner等人[26]介绍了一种通用的网络威胁共享平台，该平台允许在匿名的基础上分发网络威胁情报。他们分析了威胁共享平台的匿名性。Wagner等人[27]提出了一种新的信任分类，用于建立可信的威胁共享环境。他们分析并比较了威胁情报平台/供应商在信任功能方面的表现。Abu等人[28]对当前的威胁情报定义进行了全面梳理分析，结果表明，组织和供应商对哪些数据应该被视为情报风险缺乏了解。Johnson等人[29]就促进威胁情报共享提出了建议。Sauerwein等人[6]对各种威胁情报共享平台进行了系统调研并进行了比较。此外，在"威胁情报"共享的实践中，Sillaber等人[30]意识到数据质量分析的必要性。最后，Sauerwein等人[31]对"影子威胁情报"报告的主要内容进行了介绍，并对几个信息安全数据源进行了讨论。

1.2.1 现有技术的局限性

不提供威胁情报共享平台的比较分析：
（1）部署复杂性；
（2）未提及易于在哪个平台使用和部署；
（3）依据给定参数，对于哪个平台最好不给出建议。
组织无法：
（1）根据给定参数了解哪个平台最好；
（2）选择最合适的威胁情报共享平台参与协同安全。

1.3 评价标准

通过深入的研究可对威胁情报共享平台进行比较分析。具体步骤如下：
（1）文献综述；
（2）收集并报告所有可能的威胁情报共享来源、框架/平台、标准和格式；

（3）选择威胁情报共享平台，支持 TAXII，开源免费使用，也可提供闭源试验：

MISP、OpenTAXII、SoltraEdge、Anomaly STAXX、SRA TAXII 2.0 服务器、CABBY、Tripwire、FreeTAXII 2.1、OASIS CTI 客户端、OASIS CTI 服务器和 Splunk Enterprise 7.2.4。

（4）威胁情报共享平台所使用的分析评估参数包括：时间（速度）、信任度和匿名性，以及针对信息安全数据分类的分类法。

选择参数后，收集和提取威胁情报共享平台上关于所选参数的信息：

（1）分析和结果。

（2）编译报告。

1.3.1 部署设置

1. 硬件配置

为了便于部署和实施，本章使用了以下规格的惠普 ProDesk 400 G5 MT 台式计算机，其硬件规格见表1.1。

表 1.1 硬件规格

名称	描述
CPU	英特尔（R）酷睿（TM）i7-8700 CPU @ 3.20 GHz 1 处理器；6 核；12 线程
RAM	16138488KB
主板	HP83FO
显卡	Mesa DRI Intel（R）UHD Graphics 630（Coffeelake3×8GT2）
以太网卡	RealTekRTL-8169Gigabit Ethernet
内存	ATA SPCC 固态硬盘 512GB

2. 操作系统

为了便于部署和实现，使用了表1.2中的规格的 Linux 系统，部署图如图1.1所示。

表 1.2 操作系统规格

名称	描述
内核	Linux 4.15.0-47-generic（x86-64）
版本	50-Ubuntu SMP Wed Mar 13 10：44：52 UTC 2020
C 库	GNU C Library/（Ubuntu GLIBC 2.27-3ubuntu1）2.27
发行版	Linux Mint 19.1 Tessa

在研究过程中，首先对文献综述进行了详细分析，在综述中确定了与"信息安全"数据共享领域直接相关的各类成果；然后详细阐述了现有技术的局限性，陈述了问题，开展了威胁情报共享平台的专题比较分析。同时，研究人员查找了

相关文献，从多篇论文中提取了相关数据，并将信任度、匿名性和时间（速度）三个参数进行比较分析。对于时间（速度）参数，可筛选符合条件的威胁情报共享平台进行比较，如支持 TAXII，可开源免费使用，或可提供闭源试验。对于信任度和匿名性，研究人员从不同的来源和论文中收集了 32 个威胁情报共享平台的数据，以表格的形式呈现，并给出了一些说明。

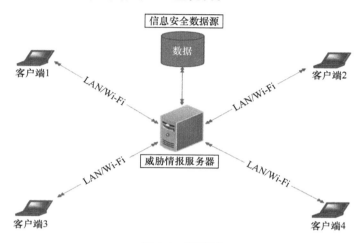

图 1.1　部署图

能够成功部署和实施以下模型：Yeti（TAXII 1.0）、OpenTAXII（TAXII 1.0）、Cabby（TAXII Client 1.0/1.1）、CTI TAXII 服务器 2.0、CTI TAXII 客户端 2.0、STIX 2.0 数据生成器、STIX Visualizer、FreeTAXII 2.1、SRA TAXII 2.0 服务器、Anomaly STAXX、MISP、SoltraEdge、Splunk，这不仅不是一件容易的事，而且在部署这些平台的过程中能够获得的帮助也非常有限。在多次成功部署和配置这些平台之后，存在诸多依赖关系。研究人员对配置进行了一些更改，并将 CTI TAXII 服务器 2.0 与 STIX 2.0 数据生成器集成在一起，以使用 STIX 2.0 的数据作为输入，将数据从一端发送到另一端。FreeTAXII 2.1、SRA TAXII 2.0 服务器在 TLS 上使用了 HTTPS。因此，通过 OpenSSL 创建自签名证书，并将其与 CTI TAXII 服务器 2.0 集成，早期 CTI TAXII 服务器 2.0 的 HTTP 无法在 TLS 上 HTTPS 工作。这项任务有助于保护通信各方之间的隐私和数据完整性。Anomaly STAXX、MISP、SoltraEdge 和 Tripwire 可用在虚拟机中，经过一些必要的配置后，它们就可以启动并运行了。在必要的依赖组件完成配置之后，Splunk 也可以开始部署了。MISP 是一个可扩展的开源威胁情报共享平台，它可以导入多种类型的格式数据，也可以将数据导出为多种格式。MISP 可以很容易地与其他威胁情报共享平台（如 NIDS、LIDS）和日志分析工具（如 SIEM）进行集成。

作者通过 CTI TAXII 服务器 2.0 中的应用程序接口和授权标头对其进行集成。现在，介绍 CTI TAXII 服务器 2.0 的第二个输入源。首先，将 MISP 数据转换为

STIX 2.0 格式，MISP 数据通过 CTI TAXII Server 2.0 发送到另一端，然后计算从平台接收信息的时间。OpenTAXII（TAXII 1.0）使用 Cabby（TAXII Client 1.0/1.1）检索数据。OpenTAXII 具有从文件加载的静态数据 STIX 1.0。CTI TAXII 服务器 2.0 使用 CTI TAXII 客户端 2.0 实现数据的检索和发送。FreeTAXII 2.1 和 SRA TAXII 2.0 服务器也有静态数据。它们可以存储更多的数据，但在给定的配置中无法向服务器添加或发送数据。也许在不久的将来，这一功能将会实现。SoltraEdge、Anomaly STAXX 和 Splunk 以网络视图的方式显示数据，并可通过导入接口添加数据。Anomaly STAXX 从其服务器 LIMO 中获取数据或以文本格式导入数据，而 SoltraEdge 和 Splunk 支持 STIX 1.0 数据格式。

这三款威胁情报平台都是试用版，功能较少。接下来，讨论计算发送信息到服务器或其他客户端的时间。其中，只有 CTI TAXII、服务器 2.0 和 MISP 可以发送及接收数据。因此，首先将 STIX 2.0 数据生成器中的 STIX 2.0 数据发送给 CTI TAXII 服务器 2.0，然后再向 CTI TAXII 服务器 2.0 发送 MISP 数据。之后，将数据发送到 MISP 并计算时间。它比 CTI TAXII 服务器 2.0 花费的时间更多，因为它包含的属性更多。平均数据量和网速可能会影响发送时间。研究人员收集了 127 个信息安全数据源进行分析。为了对这些数据源进行分类，创建了一种新的分类法，这种新的分类法包含信息类型、及时性、可集成性、原创性、源类型和可信度等特征。

1.4 信息安全数据源的分类

本节将对已经开发的分类法和"信息安全"数据源评估的结果进行介绍。

1.4.1 分类法

信息安全数据源分类方案包含以下特点：
（1）信息类型；
（2）及时性；
（3）可集成性；
（4）源类型；
（5）原创性；
（6）可信度。

1.4.2 源类型

研究人员对各种类型的信息安全数据源根据分类过程中的增量处理结果进行了分类。这 13 种类型区分如下：
（1）漏洞数据库；
（2）供应商网站（安全产品）；

（3）邮件列表档案；
（4）专家安全博客；
（5）讨论组；
（6）专业论坛；
（7）黑客组织；
（8）深网；
（9）暗网；
（10）流媒体门户；
（11）新闻网站；
（12）社交网络；
（13）其他。

1.4.3 信息类型

为了对信息安全数据源提供的信息进行分类，这里将这些信息与国际电工委员会（IEC）定义的信息（2014）进行了区分，因为它们表示信息安全中最常见的数据类型：

（1）资产：对公司有价值的项目或特征信息的数据；
（2）漏洞：可能被利用的威胁漏洞信息；
（3）风险：揭示攻击可能产生的事件后果的信息；
（4）威胁：关于意外事件可能原因的信息；
（5）攻击：任何非法获取、修改或终止资产的数据；
（6）对策：用于应对信息安全威胁的管理、行政、法律控制或技术方面的数据。

一个数据源可以提供多种类型的数据。因此，需要对信息类型进行多种分类。例如，漏洞数据库可以提供漏洞和威胁两种类型的数据信息。

1.4.4 可集成性

如 IEC/ISO 27005 ISO/IEC（2011）标准中所述，信息的可集成性对于自动管理信息安全这一过程是不可避免的。本节描述了如何（自动地）将信息安全数据源和交付的信息整合进某个组织的数据安全工具环境和过程中[33]。该分类方案为研究人员提供了可访问信息的格式和接口，以确定信息安全数据源的可集成性。分类法将结构化和非结构化两种类型分开，以便对可访问的数据格式进行分类。

1. 结构化

具有规范化格式的安全信息是可访问的。因此，将这 8 种规范化格式类型区分如下：

（1）通用攻击模式枚举和分类（CAPEC）：这是一个全面的字典和分析方法，

用于理解攻击模式,从而通过使用已知攻击的分类法来增强防御。

(2)网络可观察表达式(CybOX):该语言提供了一种通用结构,用于表示企业网络安全运营领域之间的网络可观察性,从而提高部署工具和流程的一致性、时效性和互操作性,并通过详细的自动化共享、映射、检测和启发式分析,提高整体态势感知能力。

(3)安全事件描述交换格式(IODEF):这是一种数据表示技术,为计算机安全事件响应小组(CSIRT)就计算机安全事件交换的信息共享提供框架。

(4)恶意软件属性枚举和表征(MAEC):该模型旨在创建和提供标准化的语言,用于共享基于属性(如恶意软件行为、工件和攻击模式等)的结构化信息。

(5)开放指挥与控制(OpenC2)技术委员会:OpenC2技术委员会被授权起草词典、规范、文档或其他工件,以标准化的方式满足网络安全指挥与控制的需求。

(6)结构化威胁信息表达式(STIX)语言:这是一种标准化的结构语言,用于表示网络威胁信息并全方位传达潜在的网络威胁信息,力求具有充分的表达性、灵活性、可扩展性和自动化性。它还为嵌入特定工具的元素(包括Open IOC、Yara和Snort)提供了测试机制。

(7)事件记录和事件共享词汇表(VERIS):设置指标,该指标是为通用语言所设计,以结构化和可重复的方式描述安全事件。这是对安全行业最关键和最持久挑战的回应。值得强调的是,VERIS从安全社区收集数据,报告威瑞森数据泄露调查报告(DBIR)中的违规行为,并在VCDB.org上在线发布该数据库。

(8)入侵检测消息交换格式(IDMEF):IDMEF的目的是定义数据格式和交换过程,以共享入侵检测和响应系统感兴趣的信息。

2. 非结构化

在不使用通用数据表示格式的情况下,安全信息是可访问的。为了对提供的接口进行分类,分类法将接口分为以下四种:

(1)无接口:信息安全数据源不提供任何访问接口。

(2)API:信息安全数据源提供"应用程序接口(API)",以获取所提供的数据。

(3)RSS源:信息安全数据源提供RSS源,用于跟踪/监控已提供的数据。

(4)导出:信息安全数据源提供一个接口,用于将数据内容按照JSON、XML、CSV、HTML、IDS/IPS Rules、PDF或纯文本的格式导出。

一个信息源可能有多个可用的接口。因此,可以对所提供的接口进行多种分类。

3. 可信度

在信息安全相关领域,信息共享时的可信度非常重要,因为错误的信息可能对组织决策产生巨大影响[34]。因此,这里研究了①可追溯性;②可信度;③反馈机制。为了对发布者①进行分类,分类法将发布者分为a—政府、b—供应商、c—普通用户和d—安全专家四类。如果关于发布者的背景信息足够多,那么发布者的类型将被划分为 a、b 或 d；如果没有足够多的背景信息，则将其划分为 c。此外，信息源中可能有不止一类发布者。其次，如果数据是可追溯的，分类法也会对其进行分类。因此，如果可以根据元数据找到发布者和发布日期，则该安全信息将被归类为可追溯的信息；否则，该信息则被归类为不可追溯的信息。最后，研究人员还对数据的有效性进行了分类。因此，现在将反馈机制提供的数据定义为③，其中包括用户对所提供数据有效性的评分和评论。

4. 原创性

为了区分信息的原创性和创新性（见参考文献 [33]），分类法将数据来源分为两种：

（1）原始来源：数据来源于信息安全数据源（国家漏洞数据库[35]发布的数据）。

（2）辅助来源：复制或合并来自其他信息安全数据源的数据，例如，从包含各种原始信息的元数据源中复制或合并数据信息。

5. 及时性

在信息安全风险管理中，及时性起着至关重要的作用，因为需要在恰当的时间提供恰当的数据（例如关于威胁的数据），以便采取合适的应对措施[36, 37]。例如，一个组织尽可能及时地收到紧急风险通知，就可以尽早实施应对措施，并及早抵御攻击者。因此，就时间而言，进而对共享性能进行了更深入的分析。该分类法将 White 和 Zhao 的研究成果[38]从对共享行为的角度区分为以下两类。

（1）例行性：在特定时间定期发布信息，如每日、每周或每月发布报告；

（2）特定事件：当有新闻或事件发生时才发布信息。

综上，研究人员共梳理出 127 个信息安全数据源，并按不同类型的汇总结果呈现于图 1.2 中。

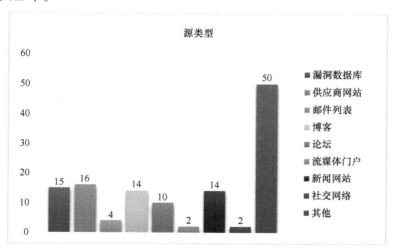

图 1.2　源类型（见彩插）

1.5 威胁情报平台中的信任度与匿名性

信任度在共享网络威胁情报方面发挥着至关重要的作用。受信任的关系将大大增强利益相关者的信息，让他们确信所提供的信息将按计划使用。例如，在漏洞尚未修复的情况下，研究人员不会使用漏洞信息，也就不会造成损害。此外，如果参与到信息交换当中的人员与利益相关者都采取了适当的安全措施，并交换了确定的信息，此时就有必要了解每个参与者为信息交换所增加的价值。针对所有参与数据共享的会员按条件进行分类（见图1.3），有助于从第一天起就建立透明度和信心。

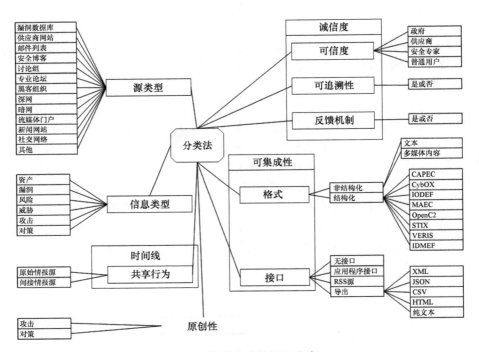

图 1.3　信息安全数据源分类

1. 信任度

平台在建立其自己的网络威胁情报体系时，需要考虑如下问题：是否允许与其他利益相关者合作；是否仅在行业内共享数据信息；以及如果内部审查程序严格规范，是否允许外部资源进入威胁情报平台。"平台 T1 表示已经在利益相关者之间建立了内部信任的平台。平台 T2 表示之前没有建立信任，需要手动创建信任的平台。平台 T1 和平台 T2 都为参与者提供了一个可信环境，但也允许在可信环境之外的其他端点和来源之间建立人工网络。"

平台支持使用内测技术创建可信环境，但不支持使用外部链接。这就造成了网络威胁情报来源的缺陷。绝大多数威胁情报提供者决定向其利益相关者直接提供网络威胁情报，并且不希望其他人知道这一过程。大约 $\frac{1}{3}$ 的提供者决定手动创建信任关系，即鼓励利益相关者手动创建信任。大约有 5 个平台支持利益相关者或外部威胁与情报信息（以及经过审查的网络威胁情报）之间人工建立链接。用于建立信任的程序绝大部分都是经过审查的，但用户是不清楚的。因此，建议利益相关者信任威胁情报平台的审查程序。威胁情报提供者必须提供一个更有活力的信任评估模型，尤其是在支持利益相关者合作的过程中。有许多免费的威胁情报平台，如 Alien Vault 和 IBM X-Force Exchange，这类平台允许通过电子邮件和密码注册成为会员。当涉及到共享漏洞信息时，上述审查流程是不够的。恶意参与者可以创建配置文件来监视可能触发对手攻击的威胁情报。此外，参与者还可能将错误的数据输入网络，并假借其他用户的账号来确认插入的虚假信息。这可能会转移利益相关者对真正威胁的关注。

2. 匿名性

Alien Vault 的匿名功能无法识别利益相关者的身份，包括系统数据和内部 IP 流量。如果有数据输入，则会收集外部 IP 地址、流量模式、时间戳和威胁指标等活动数据。因此，在这个轮辐模型中，提供了一个匿名函数。然而，它不提供与内容相关的任何匿名性，即必须在共享网络威胁情报之前手动完成个人身份信息（Personally Identifier Information，PII）的删除或伪装。惠普威胁中心平台允许对数据进行预处理，以便在与社区共享数据之前删除特定信息。该平台通过 HTTPS 对通信通道进行加密。此外，它还提供了一个全面的政策来决定与谁共享信息。相比之下，Comilion 在架构级提供匿名化，使发件人无法被追踪。这是一个有价值和必要的功能；然而，参与共享的利益相关者可以通过分析暴露的个人身份信息去匿名化。

表 1.3 列出了威胁情报平台中的信任度与匿名性，并总结为图 1.4 和图 1.5。

表 1.3　威胁情报平台中的信任度与匿名性

平台	审查过程	自有网络威胁情报	外部资源	信任度	匿名性
埃森哲公司网络情报平台		√		T1	
Alien Vault 公司开放式威胁情报交换平台（OTX）			√	T2	
异常威胁流（STAXX）			√	T2	
Anubis Networks Cy-buffered		√		T1	
情报共享中心（R-CISC）		√		T2	
Cisco Talos		√		T1	
Comilion			√	T2	

（续）

平台	审查过程	自有网络威胁情报	外部资源	信任度	匿名性
CrowdStrike Falcon 平台		√		T1	
Cyber Connector	√	√		T1	
网络安全信息共享伙伴关系	√			T1	
国防安全信息交换平台	√			T1	
Eclectic IQ	√	√	√	T1, T2	
Facebook 威胁交换平台	√			T1	
健康信息信任联盟网络威胁交换平台（CTX）	√			T1	
HP 威胁中心			√	T1	
IBM X-Force Exchange			√	T2	
Infoblox 威胁情报数据交换平台		√		T1	
Last Quarter Mile Toolset（LQMT）		√		T1	
Looking Glass Scout Prime（Cyveillance）		√	√	T1, T2	
恶意软件共享平台（MISP）			√	T2	
McAfee 威胁情报交换平台		√		T1	
Microsoft Interflow			√	T2	
NC4 CTX/SoltraEdge			√	T2	
NECOMAtter（NECOMAtome）			√	T2	
Norm Shield		√		T1	
Recorded Future		√		T1	
零售业网络情报共享中心（R-CISC）情报共享平台			√	T2	
ServiceNow-Bright Point Security		√		T1	
Splunk		√	√	T1	
威胁连接			√	T1	
Threat Track Threat IQ		√	√	T1, T2	
威胁智商	√	√	√	T1, T2	

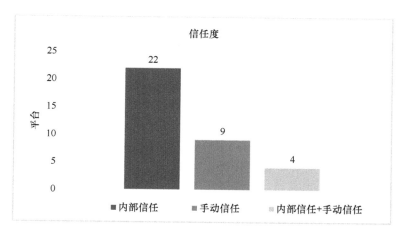

图 1.4　威胁情报平台中的信任度

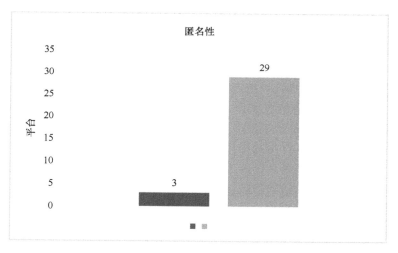

图 1.5　威胁情报平台中的匿名性㊀

1.6　威胁情报平台（TAXII）的时间（速度）

在第二阶段，研究人员根据时间参数部署了一些平台，并对它们从客户端到服务器或从服务器到客户端发送/接收数据的速度进行了测试。12 台服务器和客户端都实现了成功部署和使用。研究人员还通过使用其 API 数据安装了一个数据源，它可以用作客户端发送到服务器或彼此之间发送数据的输入。所有平台都会接收不同格式的数据，这使得测试更具挑战性。因此，只能测试那些从数据生成器所接收到的数据，它仅支持 STIX 2.0 格式。

㊀ 本图片缺少图例说明，且与表 1.3 中的内容不一致，疑似原作者笔误。——译者注

（1）OpenTAXII 是 TAXII Services 1.0 和 1.1 版本在 Python 上的实现，通过其 API 消息交换在各方之间共享网络威胁情报信息。现在它已不再使用，同时也无法在生产环境中使用。

（2）Cabby 是一个命令行工具和开源 Python 库。它为开发人员连接 TAXII Services 1.1 和 1.0 提供了简单的技术支持。现在它也不再被使用，同时也无法在生产环境中使用。

（3）CTI TAXII 服务器 2.0 是基于 Python+Flask 框架所设计的 TAXII 2.0 实现。Medallion 旨在提供一个简单的前端 REST 服务器，实现对终端的访问。TAXII 服务器中存储了 STIX 2 的内容。它提供了内存后端和 MongoDB 后端两种方式。内存后端坚持将数据保存在"内存"中。它使用包含 TAXII 数据和元数据的 JSON 文件进行初始化。MongoDB 后端功能更加强大，它使用独立安装的 MongoDB 服务器。通过完成一些参数配置，能够实现简易的安装和使用，外部的 STIX 数据可以用作输入并在服务器上发送。在所有服务器中，CTI TAXII 服务器 2.0 是最好的，可以用于生产环境中。它包含更少的 JSON STIX 格式字段和数据，使其运行速度更快，从而在更短的时间内，实现数据的共享和访问。另外，CTI TAXII 服务器 2.0 是由 OASIS 支持开发的。

（4）OASIS 是一个非营利组织，致力于推动全球信息社会开放标准的开发、融合和使用。OASIS 推进行业共识，并在安全、物联网、云计算、能源、内容技术、应急管理等领域制定全球标准。OASIS 开放标准具有降低成本、刺激创新、扩大全球市场和保护技术自由选择权利的潜力。

（5）CTI TAXII 客户端 2.0 是 TAXII 2.0 服务器的客户端实现。它支持以下 TAXII 2.0 API 服务：服务器发现、获取 API 根信息、获取状态、获取多个集合、获取一个集合、获取多个对象、添加对象、获取一个对象和获取对象清单。首先，它与服务器集成，使访问或写入数据的速度更快。TAXII 2.1 是一个用 Go 语言编写的免费 TAXII 2.1 服务器。它支持 STIX 2.1，同时也是一个适合于共享威胁情报的服务器，但它只支持来自文件的数据。它不会将数据保存在数据库中，只提供静态数据。这一限制降低了其可用性。其次，配置这个服务器需要花费一定的时间和精力。

（6）SRA TAXII 服务器 2.0 也是一个很好的服务器，但配置起来相对困难，而且没有客户端，这使得访问数据也变得更加困难。它提供的 API 接口只可用于提取数据，不会向服务器发送数据。鉴于其诸多局限性，其应用范围是最小的。

（7）Anomaly STAXX 是一个很成熟的 TAXII 客户端，但是它有自己的数据格式，并且有局限性，只能从自己定义的数据源收集信息，这些数据源需要获得使用外部数据源的许可。在免费版本中，它只提供来自其服务器（即 LIMO 服务器）的测试数据。

（8）MISP 是一个可扩展的开源威胁情报共享平台。它可以导入多种格式类型的数据，同时，也可以导出为多种格式类型的数据。用户可以从 MISP 发送和接收数据，但它的传输速度比 CTI TAXII 服务器 2.0 慢，原因是它包含比较多的属性。它可以很容易地与其他威胁情报共享平台（如 NIDS 和 LIDS）以及日志分析工具（如 SIEM）集成。研究人员还将其与 TAXII 服务器集成，通过 TAXII 服务器将 MISP 数据发送到另一端。

（9）SoltraEdge、Tripwire 和 Splunk 都提供了各自格式的试用和支持数据，这使得它们与标准数据格式（在本章的示例中是 STIX 2.0）不兼容。此限制仅适用于免费试用版。如果购买高级付费版，则可以帮助用户进行配置和安装。

1.7 威胁情报平台（TAXII）的接收时间

本节所指的所有值都是平均值，可能会根据网络上的流量变化而发生变化，具体如图 1.6 ~ 图 1.9 所示。在第三阶段"威胁来源"部分，作者介绍了已创建的分类方案和信息安全评估数据源的结果。

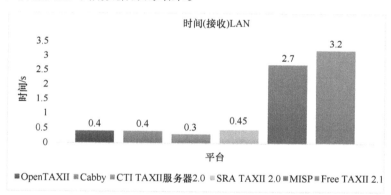

图 1.6　威胁情报平台（TAXII）的接收时间（LAN）（见彩插）

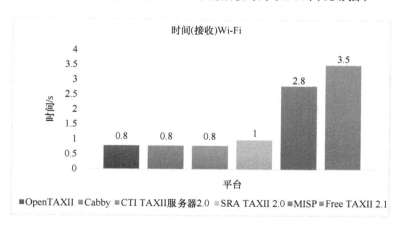

图 1.7　威胁情报平台（TAXII）的接收时间（Wi-Fi）（见彩插）

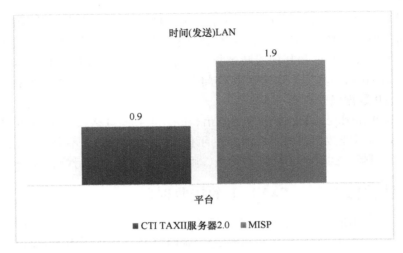

图 1.8　威胁情报平台（TAXII）的发送时间（LAN）

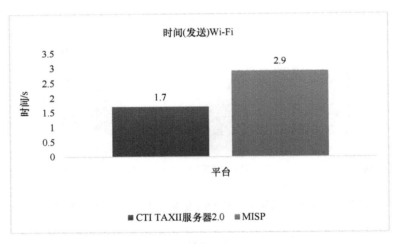

图 1.9　威胁情报平台（TAXII）的发送时间（Wi-Fi）

1.8　结论

简而言之，作者在本章中对使用信息安全数据源的威胁情报共享平台和结构化分类进行了全面的比较分析，并在其中挑选了 127 个数据源进行分析。为了对这些数据源进行分类，根据信息类型、及时性、可集成性、原创性、源类型和可信度特征创建了分类法。对于 127 个信息安全数据源的分类，使用了合适的分类方法。研究发现，大多数数据源集中在与漏洞有关的信息上。研究结果还表明，数据是无序的，接口的缺失或不足限制了自动化集成能力的发展，一些数据源从当下流行的信息安全数据源获取和复制数据，而另一个平台基于信任度、匿名性和时间参数进行了比较。信任度在网络威胁情报共享中发挥着至关重要的作用。信任关系提高了利益相关者的信心，使他们确信这些信息将按计划用于共享。利益相关者之间基于信任的链接对于网络威胁情报交换是必不可少的。然而，要找到正确的元素来营造一个信任环境并不容易。本章的研究评估了 32 家威胁情报提供商的信任能力和匿名性。研究表明，MISP 是最好的、开源的、可扩展的威胁情报共享平台，同时可以做进一步扩展，以提高威胁情报共享模型的能力、可信度和成熟度。

参考文献

[1] J. Jang-Jaccard and S. Nepal. A survey of emerging threats cybersecurity. *Journal of Computer and System Sciences*, 80:973–993, 2014.

[2] P. Puhakainen and M. Siponen. Improving employee's compliance through information systems security training: action research. *Management Information Systems*, 757–778, 2010.

[3] Z. A. Soomro, M. H. Shah, and J. Ahmed. Information security management need a more holistic approach: A literature review. *International Journal of Information Management*, 36:215–225, 2016.

[4] Y. Harel, I. B. Gal, and Y. Elovici. Cybersecurity and the role of intelligent systems in addressing its challenges. *ACM Trans Intell Syst*, 2017.

[5] C. Sauerwein, M. Gander, M. Felderer, and R. Breu. A systematic literature review of crowdsourcing-based research in information security. *Proceedings of the 2016 IEEE Symposium on Service-Oriented System Engineering (SOSE), IEEE*, pages 364–371, 2016.

[6] C. Sauerwein, C. Sillaber, A. Mussmann, and R. Breu. Threat intelligence sharing platforms: An exploratory study of software vendors and research perspectives. 2017.

[7] V. Mavroeidis and S. Bromander. Cyber threat intelligence model: An evaluation of taxonomies, sharing standards, and ontologies within cyber threat intelligence. *Intelligence and Security Informatics Conference (EISIC)*, pages 91–98, 2017.

[8] J. Steinberger, A. Sperotto, M. Golling, and H. Baier. How to exchange securityevents? Overview and evaluation of formats and protocols. *IEEE International symposium on Integrated Network Management (IM), IEEE*, pages 261–269, 2015.

[9] J. L. Hernandez-Ardieta. J. E. Tapiador, and G. Suarez-Tangil. Information sharing models for cooperative cyber defense. *Proceedings of the 2013 5th International Conference on Cyber Conflict*, pages 1–28, 2013.

[10] S. Qamar, Z. Anwar, M. A. Rahman, E. Al-Shaer, and B. Chu. Data-driven analytics for cyber-threat intelligence and information sharing. *Computers and Security*, 2017.

[11] T. Mattern, J. Felker, R. Borum, and G. Bamford. Operational levels of Cyber Intelligence, 27, 2014.

[12] E. W. Burger, M. D. Goodman, P. Kampanakis, and A. Z. Kevin. Taxonomy model for cyber threat intelligence information exchange, *ACM Workshop on Information Sharing and Collaborative Security*, 2014.

[13] W. Tounsi and H. Rais. A survey on technical threat intelligence in the age of sophisticated cyber attacks. *Computers and Security*, 2017.

[14] F. Menges and G. Pernul. A comparative analysis of incident reporting formats. *Computers and Security*, 2017.

[15] H. Dalziel. *How to Define and Build an Effective Cyber Threat Intelligence Capability*. Waltham, MA, USA: Syngress, 2015.

[16] I. Gartner. Threat intelligence: What is it, and how can it protect you from today's advanced cyber-attacks?, 2014.

[17] J. Connolly, M. S. Davidson, M. Richard, and C. W. Skorupka. *The Trusted Automated Exchange of Indicator Information*. McLean, VA, USA: The Mitre Corporation, 2014.

[18] S. Barnum. Standardizing cyber threat intelligence information with the structured threat information expression (stixtm). McLean, VA, USA: MITRE Corporation, 2012, p. 11.

[19] L. Dandurand and O. Serrano. Towards improved cybersecurity information sharing. *5th International Conference on Cyber Conflict (CyCon), IEEE*, pages 1–16, 2013.

[20] S. Brown, J. Gommers, and O. Serrano. From cyber security information sharing to threat management. *2nd ACM Workshop on Information Sharing and Collaborative Security, ACM*, pages 43–49, 2015.

[21] O. Serrano, L. Dandurand, and S. Brown. On the design of a cybersecurity data sharing system. *ACM Workshop on Information Sharing and Collaborative Security, ACM*, pages 61–69, 2014.

[22] S. Appala, N. Cam-Winget, D. McGrew, and J. Verma. An actionable threat intelligence system using a publish-subscribe communications model. *2nd ACM Workshop on Information Sharing and Collaborative Security, ACM*, 2015.

[23] P. Kampanakis. Security automation and threat information-sharing options. *IEEE Security and Privacy*, 12:42–51, 2020.

[24] R. Martin. Making security measurable and manageable. *IEEE Military Communications Conference, IEEE*, pages 1–9, 2009.

[25] P. Poputa-Clean. Automated defense - using threat intelligence to augment security. Rockville, MD, USA: SANS Institute InfoSec, 2015.

[26] T. D. Wagner (B), E. Palomar, K. Mahbub, and A. E. Abdallah. *Towards an Anonymity Supported Platform for Shared Cyber Threat Intelligence*.

Birmingham, U.K.: Birmingham City University, 2018.

[27] T. D. Wagner (B), E. Palomar, K. Mahbub, and A. E. Abdallah. A novel trust taxonomy for shared cyber threat intelligence. E. Vasilomanolakis (Ed.), 2020.

[28] M. S. Abu, S. R. Selamat, A. Ariffin, and Y. Robiah. Cyber threat intelligence - issue and challenges. *Indonesian Journal of Electrical Engineering and Computer Science*, 10:371–379, 2018.

[29] C. Johnson, L. Badger, D. Waltermire, J. Snyder, and C. Skorupka. *Guide to Cyber Threat Information Sharing*. Gaithersburg, MD, USA: NIST, 2016.

[30] C. Sillaber, A. Mussmann, C. Sauerwein, and R. Breu. Data quality challenges and future research directions in threat intelligence sharing practice, WISCS '16: Proceedings of the 2016 ACM on Workshop on Information Sharing and Collaborative Security, 2016.

[31] C. Sauerwein, C. Sillaber, and R. Breu. Shadow cyber threat intelligence and its use in information security and risk management processes, *Multikonferenz Wirtschaftsinformatik*, 2018.

[32] C. Sauerwein, I. Pekaric, M. Felderer, and R. Breu. An analysis and classification of public information security data sources used in research and practice. *Computers & Security*, 82:140–155, 2019. doi: 10.1016/j.cose.2018.12.011. URL https://doi.org/10.1016/j.cose.2018.12.011.

[33] C. Cappiello, C. Francalanci, A. Maurino, and C. Batini. Methodologies for data quality assessment and improvement. *ACM Computing Surveys*, 2009.

[34] S. J. Kuhnert, B. Sperotto, A. Baier, and H. A. Pras. Cyber threat intelligence issue and challenges in whom do we trust-sharing security events. *Proceedings of the IFIP International Conference on Autonomous Infrastructure, Management and Security, Springer*, 10:24–111, 2016.

[35] National Vulnerability Database (NVD). 2019. URL https://nvd.nist.gov/.

[36] J. McHugh, W. A. Arbaugh, and W. L. Fithen. Windows of vulnerability: A case study analysis. *Computer*, 13:9–52, 2000.

[37] B. Plattner, S. Frei, and B. Tellenbach. *0-Day Patch-Exposing Vendors (In)Security Performance*. London, U.K.: BlackHat Europe, 2008.

[38] G. White and W. Zhao. A collaborative information sharing framework for community cyber security. *Proceedings of the 2012 IEEE Conference on Technologies for Homeland Security (HST), IEEE*, pages 62.

[39] J. Baker. Taxii client, 2019. URL https://github.com/TAXIIProject/yeti.

[40] EclecticIQ. Taxii server implementation in python from eclecticiq, 2019.

[41] EclecticIQ. Taxii client implementation from eclectic, 2019. URL https://github.com/eclecticiq/cabby.

[42] OASIS TC. Taxii 2 server library written in python, 2019. URL https://github.com/oasis-open/cti-taxii-server.

[43] OASIS TC. Taxii 2 client library written in python, 2019. URL https://github.com/oasis-open/cti-taxii-server.

[44] OASIS TC. Lightweight visualization for STIX 2.0 objects and relationships, 2019. URL https://github.com/oasis-open/cti-stix-visualization.

[45] B. Jordan. A cyber threat intelligence server based on taxii 2 and written in Golang, 2019. URL https://github.com/freetaxii/server.

[46] Security Risk Advisors. Taxii 2.0 server implemented in node JS with Mongodb backend, 2019. URL https://github.com/SecurityRiskAdvisors/sra-taxii2-server.

[47] MISP. Misp - open source threat intelligence platform and open standards for threat information sharing, 2019. URL https://www.circl.lu/misp-images/latest/.

[48] Soltra. SoltraEdge, 2019. URL https://updates.soltra.com/download.php.

[49] Splunk Enterprise 7.2.6. Splunk enterprise 7.2.6, 2019. URL https://www.splunk.com/en_us/download/splunk-enterprise.html.

第 2 章　开源网络应用防火墙的网络威胁情报评估

Oumaima Chakir[1], Yassine Sadqi[1], Yassine Maleh[2]
[1] 摩洛哥苏丹穆莱·苏莱曼大学 LIMATI, FPBM 实验室
[2] 摩洛哥苏丹穆莱·苏莱曼大学 LaSTI, ENSAK 实验室
电子邮箱：chakir.oumaima@hotmail.com;.sadqi@gmail.com;maleh@ieee.org

摘要

网络应用防火墙是网络应用安全领域最著名的攻击检测和防御系统之一。在本章中，作者将对当下最流行且广泛使用的开源网络应用防火墙（AQTRONIX Webknight v4.4 和 ModSecurity v3.0.4）在 CRS v3.3.0 4 个异常级别中的有效性进行分析研究。根据基于 Payload All The Thing 和 CSIC HTTP 2010 数据集的实验结果，AQTRONIX Webknight 是一种能够有效保护网络应用程序免受攻击的系统，其可识别所有针对用户发起的攻击，召回率为 98.5%。然而，它也产生了很高的误检率，甚至高达 99.6%。另一方面，ModSecurity 功能取决于核心规则集所配置的异常级别。随着异常级别的增加，被识别的攻击数量也在增加。与其他级别不同，ModSecurity 在异常级别 4 的误检率高达 60.3%。

关键词

网络应用安全，攻击，网络应用防火墙（WAF），ModSecurity，核心规则集（CRS），AQTRONIX Webknight，Payload All The Thing 开源项目，CSIC HTTP 2010 数据集

2.1　引言

互联网在现今生活中扮演着越来越重要的角色，许多 Web 应用程序已广泛应用于教育、医疗、商业和社交网络等各个领域。通常，Web 应用程序可以定义为托管在远程服务器上的一个软件，用户可通过网络使用浏览器客户端对其进行访问。[1, 2]

Web 应用程序日趋流行，对于互联网攻击者而言，它们逐渐成为一个极具吸引力的目标，攻击者想方设法利用 Web 应用程序漏洞发起攻击[3, 4]。一般来说，

针对 Web 应用程序的攻击旨在模仿正常的用户行为来破坏 Web 应用程序和 / 或窃取用户密码、财务数据和支付信息等敏感信息[5, 6]。在这种情况下，使用基于网络的攻击检测系统对 Web 应用程序的安全进行保护就变得更为必要。

传统的安全系统如防火墙与入侵检测和防御系统（Firewalls and Intrusion Detection and Prevention Systems，IDPS）主要致力于网络安全，对于保护万维网 Web 应用程序是无效的，因为网络上的攻击性质与万维网上的攻击性质有很大的不同[7]。

传统的防火墙（无状态和有状态）是在 OSI 模型的较低层（第 1 ~ 4 层）运行。因此，当利用 Web 应用程序的漏洞时（如 OWASP 前 10 中所罗列的漏洞[8]），由于无法分析其内容，该系统将允许 HTTP 流量通过。在网络应用安全领域，入侵检测和防御系统尚不成熟。根据参考文献 [9] 所述，设计一个合适的入侵检测和防御系统来防止网络攻击仍然需要进行更加仔细的研究。

Web 应用防火墙（Web Application Firewall，WAF）是一种能够在后端保证网络应用安全的系统，是目前应用最为广泛的系统之一[7, 10]。WAF 硬件或软件是在不影响网络应用性能的前提下，实时分析、检测和防范恶意 HTTP/s 流量的监控系统[11, 12]。在网络应用之前，WAF 会评估每个 HTTP/s 请求，以确保它符合所定义的安全策略。对于 HTTP/s 响应也是如此，它处理应用程序发送的响应，以防止通过错误消息泄露敏感数据。它可以在反向代理模式中进行部署，作为客户端和网络服务器之间的媒介，并允许在集成模式或 SPAN 模式下隐藏托管 Web 应用程序的基础设施，在这种模式下，WAF 无法阻止恶意 HTTP/s 请求。一般而言，SPAN 模式的设计是为了确保 WAF 能够有效工作。为了检测攻击，WAF 支持不同的检测方法：签名检测方法、异常检测方法和混合检测方法[9, 11, 13]。

基于签名的 WAF 无法检测到没有通过签名显式表达的攻击。另一方面，基于异常的 WAF 可以检测到已知和未知的攻击，并认为任何偏离参考的行为都是有害的[11, 13, 14]。基于混合的 WAF 结合了多种检测方法。这些组合帮助防火墙从每种方法的优点中获益，并克服其缺点[11, 13]。

WAF 有很多特点。其中会提到对 HTTP/s 报头和请求体内容的深度分析，以验证是否存在攻击，防止系统遭到攻击者借助常见漏洞发起的注入攻击（如借助 OWASP 前 10 中罗列的常见漏洞，如 XSS、发动攻击等）。虚拟漏洞修复也是一个重要特点。WAF 可以提供虚拟补丁解决方案，以防止新发现的漏洞被利用。

受这些系统的启发，作者分析了最流行的开源 WAF（即 ModSecurity[15] 和 AQTRONIX Webknight[16]）在网络应用安全方面的有效性。之所以选择这些网络应用防火墙，是因为它们得到了相关社区的高度支持，并获得了丰富的文档资料。

这项工作的成果总结如下：

（1）针对广泛使用的开源 WAF 展开理论研究。

（2）对下面两个开源 WAF 进行实验评估：使用 CRS v3.3.0 的 ModSecurity v3.0.4 防火墙和使用 CSIC HTTP 2010 数据集的 AQTRONIX Webknight v4.4 防火墙。

（3）借助 Payloads All TheThings 开源项目，针对 ModSecurity、AQTRONIX Webknight 在检测 SQL 注入（SQLI）、反射型跨站点脚本（XSS）、XML 外部实体（XXE）攻击方面的有效性进行实验研究。

本章的主要内容如下：2.2 节介绍了针对 ModSecurity 和 AQTRONIX Webknight 的理论研究；2.3 节详细讨论了研究方法；2.4 节给出了实验结果，并对结果进行了讨论；2.5 节提供了一些开发安全网络应用程序的建议；2.6 节进行了总结并展望了未来的工作。

2.2 开源网络应用防火墙

2.2.1 ModSecurity

2002 年，Ivan Ristic 创建了最强大、最常用的网络应用防火墙之一，名为 ModSecurity。它是一个开源的网络应用防火墙，分析了进出网络应用的 HTTP/s 流量，并根据一组被称为 OWASP 核心规则集的规则来发现和阻止已知的攻击 [13, 15, 17]。

核心规则集是一个 OWASP 创建的已知攻击签名列表，旨在提高 ModSecurity 的检测能力。它有四个异常级别：PL1（默认级别）、PL2、PL3 和 PL4。异常级别越高，激活的规则就越多。它旨在以最少的误报保护 Web 应用程序免遭包括 OWASP 前 10 中所罗列的各种漏洞所带来的攻击 [18]。

根据参考文献 [17]，ModSecurity 有五个处理阶段，如图 2.1 所示，每个阶段对应一个关键步骤。前四个阶段用于处理请求和响应的报头和正文，而最后一个阶段用于记录触发的事件。对于每项事务，都是从阶段 1 到阶段 5 依次执行。

Ivan Ristic 在参考文献 [17] 中对每个阶段的作用描述如下：

阶段 1：请求报头

ModSecurity 在此阶段评估请求报头的内容，并且只加载在该阶段中定义的规则。经检查后，如果没有规则与输入数据相匹配，则 ModSecurity 将继续进行阶段 2；否则，它将通知网络服务器并记录该事件（阶段 5）。

阶段 2：请求正文

与阶段 1 类似，ModSecurity 会检查请求正文的内容，当它检测到攻击存在时，即在此阶段触发与所审查内容匹配的规则时，它会阻止并记录此次攻击事件；否则，ModSecurity 会将请求发送给网络服务器。

阶段 3/4：响应报头 / 响应正文

ModSecurity 会观察 HTTP 响应的报头和正文，以防止通过错误消息泄露敏感信息。这两个阶段的处理与阶段 1、阶段 2 相同。

阶段 5：记录

在这个级别定义的规则只影响日志记录的执行方式。ModSecurity 能够保存事件的所有数据，用户还可以指定应该保存事件的哪一部分数据。

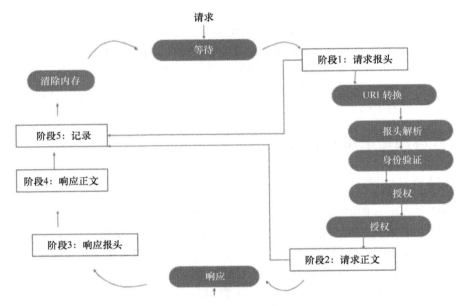

图 2.1　ModSecurity 分析的五个阶段

2.2.2　AQTRONIX Webknight

AQTRONIX Webknight 是一个用于 IIS 网络服务器的开源网络应用防火墙，由 AQTRONIX 开发并在 GNU 许可下发布。它对所有的请求进行分析，并根据管理员定义的过滤规则进行数据处理。

根据参考文献 [16]，Webknight 检测发送到 Web 应用程序的 HTTP 请求报头、HTTP 动词、URL、HTTP 版本、查询和实体数据，以检测攻击（如 SQLi、XSS、CSRF/XSRF、DoS 攻击等）。

Sadqi 和 Mekkaoui 在参考文献 [9] 基于必须纳入网络安全系统的各种安全功能，对 AppSensor、ModSecurity、Shadow Daemon 和 AQTRONIX Webknight 等四种开源入侵检测和防御系统性能进行了评估。

在表 2.1 中，作者基于 Sadqi 和 Mekkaoui[9] 的工作对 ModSecurity 和 AQTRONIX Webknight 进行了评估。

如表 2.1 所示，ModSecurity 和 Webknight 无法检测未知攻击，因为它们都是基于签名的检测方法。对于输入验证和响应时间标准，上述 WAF 可以在不影响应用程序性能的前提下验证用户输入数据的有效性，并进行实时响应。只有 ModSecurity 可以确保对输出的验证和会话验证。

表 2.1 针对 ModSecurity 和 AQTRONIX Webknight 的评估

功能	ModSecurity	Webknight
检测方法	基于签名	基于签名
输入验证	是	是
输出验证	否	否
会话验证	否	否
访问控制	否	是
机器人检测	否	是
响应时间	实时	实时
放置位置	反向代理，服务器端	服务器端

对于机器人检测，AQTRONIX Webknight 是最好的解决方案，它拥有庞大的机器人数据库，从而可帮助它阻止或授权某些类型的机器人、设置一个陷阱来对抗恶意机器人、阻止攻击性机器人的入侵。

2.3 研究方法

入侵检测和防御系统的评估是网络安全领域的关键。它能为管理员提供建议和信息，以帮助其为 Web 应用程序的安全性选择最佳和最合适的保护机制。本节将针对当下最流行的开源网络应用防火墙 ModSecurity v3.0.4 和 AQTRONIX Webknight v4.4 研究了它们的有效性。实验分为两个阶段。

在第一阶段，研究人员使用 CRS v3.3.0 和 AQTRONIX Webknight v4.4 测试了 ModSecurity v3.0.4 在检测 SQLI、XSS 和 XXE 三种类型攻击时的能力，使用 Payloads All The Things[19] 作为数据集。在第二阶段，研究人员使用 CSIC HTTP 2010 数据集评估了这些网络应用防火墙的性能[20]。

2.3.1 ModSecurity 和 AQTRONIX Webknight 的部署实施

ModSecurity 和 Webknight 是 WAF，可以采用反向代理或集成的方式进行部署。在示例中，研究人员选择以集成方式部署 WAF，这意味着在同一台机器上同时安装和配置了目标应用程序、攻击工具和 WAF。此外，这些 WAF 的默认配置没有做任何修改。

如图 2.2 所示，整个系统包含三个组件。第一个是 bWAPP[21]，这是需要保护的目标应用程序，第二个是网络应用防火墙，最后一个是 Burp Suite 工具，它将扮演攻击启动器的角色。从目标端发送 HTTP 请求，并使用 Burp Suite 进行拦截，修改后注入恶意数据与合法数据，然后重新进行发送，看看 WAF 将做何响应。

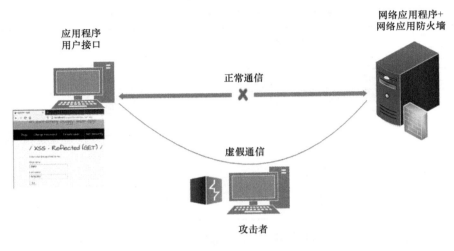

图 2.2　攻击场景

2.3.2　数据集描述

Payload All The Thing 是一个有效载荷列表，用于绕过 2018 年在 GitHub 上所发布的 Web 应用程序安全应用。它包含了攻击者所使用的大多数已知漏洞的有效载荷，如 SQL 注入、跨站脚本攻击（XSS）、XML 外部实体注入（XXE）、盲注入等[19]。表 2.2 为每次攻击中每个有效载荷的查询数量。

表 2.2　每次攻击中每个有效载荷的查询数量

有效载荷	SQL 注入	XSS	XXE
查询数	672	667	67

CSIC HTTP 2010 是一个数据集，其中包含向电子商务应用程序生成的真实请求。它包括 SQL 注入、跨站脚本攻击、CRLF 注入和缓冲区溢出等多种类型的网络攻击[20]。表 2.3 为 CSIC HTTP 2010 数据集的请求数量。

表 2.3　CSIC HTTP 2010 数据集的请求数量

数据集	有效训练集	有效测试集	测试攻击
CSIC 2010	36000	36000	25065

为了评估上述 WAF，研究人员使用了该数据集的测试数据。在 25065 次攻击和 36000 次合法请求中，研究人员使用了 3973 次攻击和 1517 次合法请求。

2.3.3 实验环境

为了完成这项工作，研究人员使用了一台配备英特尔酷睿 i5-3320M*64 的台式计算机，其 CPU 运行频率 2.6GHz，内存 12GB，操作系统为 64 位 Windows 10。表 2.4 总结了用于开展这项工作的各种工具。

表 2.4 所使用的工具

虚拟机	Virtualbox6.1.12
靶场应用	bWAPP
攻击者	Burp Suite v2020.9.2
OWASPModSecurity 核心规则集版本	3.3.0
操作系统	Ubuntu18.04
	Windows 7 64 位
服务器	Apache 2.4.29
	IIS 服务器
网络应用防火墙	ModSecurity v3.0.4
	AQTRONIX Webknight v4.4

bWAPP：一个使用 MySQL 数据库的 PHP 开源网络应用程序。可在 Windows 或 Linux 操作系统中使用 Apache 或 IIS 进行托管，旨在帮助网络开发人员、教育工作者和学生发现并防止漏洞，提高其技能。

bWAPP 拥有 100 多个网络漏洞，涵盖了世面上最常见的已知漏洞，如 OWASP Top 10、HTML 和 LDAP 注入、命令和盲注入等。它有三个安全级别：低级不受保护；中级受保护但较脆弱；高级安全保护[21]。

Burp Suite：为了模拟攻击者的存在，研究人员选择使用 Burp Suite。Burp Suite 是一款功能强大的用于攻击网络应用程序的集成平台，由 PortSwigger 公司设计开发。它允许用户拦截和操纵两台机器之间交换的消息。Burp Suite 有三个版本：专业版、企业版和社区版（免费版）[22]。

完成上述工作使用了两种工具：

（1）Burp 代理：对从浏览器发送的所有请求进行拦截和修改，并从服务器接收响应；

（2）Burp 入侵者：强大的入侵工具，自动攻击网络应用程序。

2.3.4 评估指标

用混淆矩阵比较上述网络应用防火墙的响应活动。根据这个矩阵，研究人员可以计算出以下指标：

（1）查全率（R）：计算网络应用防火墙准确识别的攻击次数。

$$R = \frac{TP}{TP+FN} \tag{2.1}$$

（2）查准率（P）：计算网络应用防火墙准确识别的有效请求数。

$$P = \frac{TP}{TP+FP} \tag{2.2}$$

（3）F 值（$F1$）：查全率和查准率的平均值。

$$F1 = 2\frac{RP}{R+P} \tag{2.3}$$

（4）误检率（FPR）：网络应用防火墙将合法请求归类为攻击的数量。

$$FPR = \frac{FP}{FP+TN} \tag{2.4}$$

2.4 结果与讨论

2.4.1 结果

表 2.5 ~ 表 2.8 说明了 AQTRONIX Webknight 和 ModSecurity 基于 Payload All the Thing 识别 SQL 注入、XSS 和 XXE 攻击的能力。

如表 2.5 所示，AQTRONIX Webknight 是一种有效的解决方案，可用于保护 Web 应用程序免受 SQL 注入、XSS 和 XXE 攻击，因为它完全阻止了所有攻击尝试，查全率为 100%。

与 Webknight 不同，ModSecurity 在所有四个异常级别中都无法完全阻止包含 SQL 注入、XSS 和 XXE 攻击的 HTTP 请求。

表 2.5 使用 AQTRONIX Webknight 检测 SQL 注入、XSS 和 XXE 攻击

攻击类型	检测到的攻击数量	未检测到的攻击数量	查全率
重构 XSS 攻击	667	0	100%
SQL 注入	672	0	100%
XXE	67	0	100%

ModSecurity 的效率高度依赖于所选择的异常级别，见表 2.6 ~ 表 2.8。当异常级别增加，检测到的攻击数量也就增加了。

表 2.6 给出了在每个异常级别中检测到的 SQL 注入攻击数量。在 PL1 中，研究人员观察到发起的攻击中有 360 次攻击被正确归类为恶意攻击，查全率为

53.5%，另外 312 次攻击被归类为有效请求。然而，当异常级别提高到 PL4 级时，识别到的攻击数量猛增，查全率提高到 69%。

表 2.6 使用 ModSecurity WAF 检测 SQL 注入攻击

SQL 注入攻击	检测到的攻击数量	未检测到的攻击数量	查全率
PL1	360	312	53.5%
PL2	461	211	68.6%
PL3	462	210	68.7%
PL4	464	208	69%

表 2.7 使用 ModSecurity WAF 检测 XXE 攻击

XXE 攻击	检测到的攻击数量	未检测到的攻击数量	查全率
PL1	56	11	83.5%
PL2	58	9	86.5%
PL3	61	6	91%
PL4	61	6	91%

表 2.8 使用 ModSecurity WAF 检测重构 XSS 攻击

重构 XSS 攻击	检测到的攻击数量	未检测到的攻击数量	查全率
PL1	585	82	87.7%
PL2	594	73	89%
PL3	596	71	89.3%
PL4	598	69	89.3%

基于 CSIC HTTP 2010 数据集的实验结果表明，ModSecurity 的查全率在很大程度上取决于所配置的异常级别。

在 3973 次攻击中，当异常级别为 PL1 时，ModSecurity 识别出的攻击数量为 885 次，查全率为 22.2%；当异常级别为 PL2 时，识别出的攻击数量为 1395 次；当异常级别为 PL3 时，识别出的攻击数量为 2945 次；当异常级别为 PL4 时，识别出的攻击数量为 3673 次，查全率为 92.4%，见表 2.9。

表 2.9 基于 CSIC HTTP 2010 数据集的 ModSecurity 性能评估

异常级别	R	P	F	FPR
PL1	22.2%	100%	36.3%	0
PL2	35.1%	97.2%	51.5%	2.6%
PL3	74.1%	83.9%	78.6%	37%
PL4	92.4%	80%	85.7%	60.3%

与其他级别相比，ModSecurity 在 PL4 中产生了更高的误检率，误检率为 60.3%。所发起的 1517 个合法请求中，915 个被归类为恶意请求。

与 ModSecurity 不同，AQTRONIX Webknight 在准确率方面表现良好，高达 98.5%，但在误检率方面，表现并不理想，因为它将 1517 个合法请求中的 1512 个都归类为恶意请求，误检率为 99.6%，见表 2.10。

表 2.10 基于 CSIC HTTP 2010 数据集的 AQTRONIX Webknight 性能评估

Web 应用防火墙	R	P	F	FPR
Webknight	98.5%	72.1%	83.2%	99.6%

2.4.2 讨论

通过对 ModSecurity 和 AQTRONIX Webknight 防火墙从理论与实践两个方面进行评估，可以发现这两种 WAF 各有优缺点。它们都能够实时分析、检测和阻止恶意数据，包括 SQL 注入、XSS 和 XXE 攻击。但是，它们无法识别没有签名的攻击，如零日漏洞攻击。

除了输入验证，ModSecurity 还可以控制输出验证，防止敏感数据泄露，确保对用户会话进行验证。相比之下，AQTRONIX Webknight 是一个可以区分请求是由人类发出的还是由软件发出的 WAF。

此外，ModSecurity 的检测效率高度依赖于所配置的异常水平。建议不要配置 PL4，因为它的误检率高于其他水平。另一方面，Webknight 是一个检测已知攻击的良好解决方案，但它的误检率更高。

2.5 建议

作者在本节中提出了一些开发安全 Web 应用程序的建议：

（1）必须在开发的所有阶段（包括设计、开发等过程）考虑 Web 应用程序的安全性；

（2）构建 Web 应用程序后，有必要进行入侵测试，以验证和识别应用程序可能遇到的风险；

（3）错误控制和管理是确保在发生错误时不向客户端显示敏感信息的关键步骤；

（4）日志文件管理：日志文件必须妥善保存和维护，避免丢失或泄露；

（5）基于签名或异常检测方法的防御系统无法有效保护网络应用程序，优先使用基于混合或机器学习/深度学习方法的系统；

（6）除非必要，否则不应存储敏感数据；

（7）验证客户端和服务器端的数据。

2.6 结论

作者在本章中展示了当前开源 WAF 无法完全适配 Web 应用程序的安全性。因为大多数现有 WAF 都依赖于签名检测方法。作者还评估了 AQTRONIX Webknight v4.4 和 ModSecurity v3.0.4 在 CRS v3.3.0 四个异常级别中的有效性。实验结果表明，Webknight 是一种有效的网络安全应用系统；它几乎检测到了所有的攻击，查全率为 98.5%，但也产生了非常高的误检率，误检率高达 99.6%。ModSecurity 的性能取决于所配置的核心规则集异常级别，其所检测到的攻击数量随着异常级别的增加而增加。与其他级别不同，ModSecurity 在 PL4 级时产生了 60.3% 的高误检率。

本章所述的研究工作从几个角度拓宽了研究人员的视野。未来，研究人员可以提出基于机器学习和深度学习的新一代 WAF，以较低的误检率对已知和未知的网络攻击进行检测。

参考文献

[1] R. Sturm, C. Pollard, and J. Craig, Managing Web-Based Applications, pp. 83-93, Elsevier, 2017, Available in https://doi.org/10.1016/B978-0-12-804018-8.00007-3.

[2] N. K. Sangani and H. Zarger, Machine learning in application security. In : Advances in Security in Computing and Communications. IntechOpen, 2017.

[3] X. Li and Y. Xue, A Survey on Web Application Security, Nashville (2011).

[4] Y. Sadqi and Y. MALEH, A systematic review and taxonomy of web applications threats. Information Security Journal: A Global Perspective (2021), pp. 1-27.

[5] R. Johari and P. Sharma, A Survey On Web Application Vulnerabilities (SQLIA, XSS) Exploitation and Security Engine for SQL Injection, IEEE, 2012, Available in https://doi.org/10.1109/CSNT.2012.104.

[6] H.-C. Huang, Z.-K. Zhang, H.-W. Cheng, and S. W. Shieh, Web Application Security: Threats, Countermeasures, and Pitfalls, IEEE, 2017, Available in https://doi.org/10.1109/MC.2017.183.

[7] G. Betarte, R. Martınez, and A. Pardo, Web Application Attacks Detection Using Machine Learning Techniques, IEEE, 2018, Available in https://doi.org/10.1109/ICMLA.2018.00174.

[8] OWASP Top 10 documentation, Available in https://owasp.org/www-project-top-ten/.

[9] Y. Sadqi and M. Mekkaoui, Design Challenges and Assessment of Modern Web Applications Intrusion Detection and Prevention Systems

(IDPS), Springer, 2020, Available in https://doi.org/10.1007/978-3-030-66840-2_83.

[10] S. Prandl, M. Lazarescu, and P. Duc-Son, A Study of Web Application Firewall Solutions, Springer, 2015, Available in https://doi.org/10.1007/978-3-319-26961-0_29.

[11] V. Clincy and H. Shahriar, Web Application Firewall: Network Security Models and Configuration, IEEE, 2018, Available in https://doi.org/10.1109/COMPSAC.2018.00144.

[12] A. Moosa, Artificial Neural Network based Web Application Firewall for SQL Injection, International Journal of Computer and Information Engineering, 2010.

[13] M. Abdelhamid, Sécurité des applications Web: Analyse, Modélisation et Détection des Attaques par Apprentissage Automatique, doctoral thesis, 2016, Available in https://www.theses.fr/2016ENST0084.

[14] S. Applebaum, T. Gaber and A. Ahmed, Signature-based and Machine-Learning-based Web Application Firewalls: A Short Survey, Elsevier, 2021, Available in https://doi.org/10.1016/j.procs.2021.05.105.

[15] ModSecurity documentation, Available in https://github.com/SpiderLabs/ModSecurity.

[16] AQTRONIX Webknight documentation, Available in https://www.iis.net/downloads/community/2016/04/aqtronix-webknight.

[17] R. Ivan. ModSecurity Handbook. Feisty Duck, 2010. Available in https://www.feistyduck.com/library/modsecurity-handbook-2ed-free/online/ch01-introduction.html.

[18] OWASP Core Rule Set documentation, Available in, https://owasp.org/www-project-modsecurity-core-rule-set/.

[19] Payloads All The Things, Available in, https://github.com/swisskyrepo/PayloadsAll\TheThings.

[20] CSIC HTTP 2010 dataset, Available in https://gitlab.fing.edu.uy/gsi/web-application-attacks-datasets.

[21] Official website of bWAPP application, Available in http://www.itsecgames.com/.

[22] Burp suite documentation, Available in https://portswigger.net/burp/documentation.

第3章 位置隐私综合研究和保护LBS用户隐私的有效方法

Ahmed Aloui, Samir Bourekkache, Okba Kazar, Ezedin Barka
阿尔及利亚比斯克拉（Biskra）大学林菲（LINFI）实验室
阿联酋信息技术学院

摘要

近年来，随着物联网（IoT）的快速出现，基于位置服务（LBS）变得非常流行。然而，LBS也带来了新的安全漏洞，可能会侵犯用户隐私。因此，保护用户位置隐私成为人们越来越关注的问题。本文研究了针对LBS用户的隐私攻击模型，也深入评述了当前的用户隐私保护机制。此外，本文对这些隐私保护机制进行了比较，以开展进一步研究。本章也提出了保护欧氏空间内用户隐私位置的方法。最后比较了提出的方法与其他研究方法。

关键词：安全性，基于位置服务，隐私保护，攻击模式

3.1 引言

随着无线技术和移动设备的快速发展，随时随地定位用户的准确位置变得越来越容易。这样，就有可能快速改进基于位置服务（Location-Based Service，LBS）的应用。因此，LBS使用基于移动通信技术（如GPS和WLAN）的移动用户地理信息，向其提供基于确切位置信息和服务。最常用的LBS应用是地理位置广告、地理位置营销、地理定位、车辆管理与物流，以及交通远程信息处理。正是因为LBS的出现，用户在请求服务时变得非常舒适。然而，LBS的使用也带来了许多问题，如严重的隐私外泄、空间信息处理的准确性和数据可用性[1, 2]。

保护位置隐私对于成功部署基于位置服务至关重要。目前，有许多相关的用例场景，其中需要某种形式的位置共享，并且隐私应该受到保护[1]。首先，用户将基于位置的查询信息发送给存储兴趣点服务数据库的非信任供应商。在这种情况下，隐私目标是允许用户检索附近的兴趣点服务，而不必向位置服务提供商公开确切位置。此外，诸如道路基础设施监控网络的公共实体可以收集大量的位置信息。该信息可以是瞬时位置样本（快照）或轨迹（连续查询）的形式。以轨

迹的形式，服务提供商收集对应于同一用户的连续位置序列。这些数据集可用于研究或其他公益用途[8]。一般来说，LBS 主要是基于移动用户愿意公开自己位置的假设。此外，在 LBS 中，个人位置可以用作身份；因此，传统的匿名方法无法克服 LBS 中的这种隐私威胁[6, 10, 11]。例如，如果用户尽管使用了虚假身份，但仍请求提供靠近其个人住宅的服务，用户作为住宅居民的身份将会立即外泄出去。

当诸如确切位置和查询内容之类的个人信息容易被对手访问时，对手就可以创建或发起多种类型的用户隐私攻击。因此，可能会发生几种类型的攻击，例如位置攻击、查询攻击和同质化攻击。因此，当用户向 LBS 提供商请求服务时，会导致针对用户隐私的严重侵犯。这是因为 LBS 提供商是不值得信任的，因为他们可以以丰富的空间和时间精度收集和存储用户的个人信息[1]。

本文章节组织如下：3.2 节介绍了隐私攻击的模型；3.3 节介绍了隐私保护机制；3.4 节比较了隐私保护机制，3.5 节介绍了环境的类型；3.6 节介绍了本章研究的贡献原则；3.7 节介绍了本章在欧氏空间中的贡献；3.8 节介绍了实验情况；相关研究工作情况的比较见 3.9 节；最后，3.10 节给出了结论和未来研究。

3.2　隐私攻击模型

本节区分为连续位置攻击和上下文链接攻击。

3.2.1　连续位置攻击

这种类型攻击的一般思想是，攻击者分析一组连续位置更新，以获取更多有关用户的信息，如用户的位置或身份。当连续位置外泄时，可能会发生某些类型的攻击。

1. 查询跟踪攻击

对手可以链接连续时间快照（snapshots）来识别查询发起人，尽管查询人位置信息被隐藏为内存区域。例如，以一个典型查询为例，如"五分钟内找到最近的加油站"。查询时间为五分钟。在查询期间，如果用户在不同时间以不同的用户隐藏，就成为可能发生查询跟踪攻击。其原理是利用存储属性来防御查询跟踪攻击。在存储属性中，同一组用户在查询期间应该总是隐藏在一起[4]。

2. 轨迹攻击

攻击者可以在轨迹公布时推断出位置所有者，即使标识符已被删除。匿名化轨迹产生的问题是公布轨迹，以便在最大化公布数据可用性的同时为每个轨迹保持匿名性。

3. 身份关联

对手使用这种类型的攻击手段来攻击多个用户别名。基于等同或关联相同身份的属性，攻击者链接几个假名。因此，破坏了修改后假名的隐私[3]。

4. 位置跟踪攻击

这种攻击使用许多攻击者已知位置的更新信息。这种攻击可以在不使用混合区域的情况下应对假名的随机改变。此外，即便使用了混淆机制，攻击者也可以通过链接来自连续请求或位置更新的空间和时间信息来关联连续的假名。例如，攻击者可能试图根据多个假名的可用位置来重建用户的移动（行踪）。因此，攻击者可以利用交叉点推断出用户在哪里，或者用户的隐私敏感区在哪里。例如，随机混淆机制在用户每次回到家里时创建不同的混淆区域。之后，不同混淆区域的交叉可用于减少用户隐私。

5. 最大移动攻击

在这种类型的攻击中，当用户在两次位置更新之间移动时，攻击者计算最大移动的有限区域[18]。如图 3.1 所示，在时间 T_1 执行的第一次位置更新协助对手提高时间 T_2 位置更新的准确性。在该例中，在最大移动限制内，只有 T_2 区域内的一小部分是可访问的。因此，攻击者可以排除剩余位置更新部分。

查询跟踪攻击与最大移动攻击不同[13]。此外，即便通过将存储属性应用于每个连续查询来阻止用户跟踪请求，用户仍可能遭受最大移动攻击。假设移动用户在某个时间间隔内发出两个不同的连续查询。如果针对这两个连续的查询，用户采用不同的用户组隐藏，图 3.1 显示的最大移动攻击仍可能发生。另一方面，如果用户总是采用同一组用户隐藏，随着时间的推移，当用户分离且发出越来越多的查询时，隐藏区域将扩展到整个服务区域。

3.2.2 上下文信息链接攻击

在这种攻击中，除了空间和时间信息之外，还使用了上下文信息。为了减少用户隐私，攻击者可使用用户的个人背景知识以及先前知识，例如路网中的地图和地址簿。

这种攻击分为四种类型：个人上下文信息链接攻击、概率分布攻击、观察攻击和地图攻击[18]。

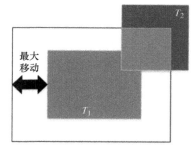

图 3.1 最大移动攻击

1. 个人上下文信息链接攻击

这种攻击依赖于对个人用户上下文信息的了解，如用户偏好或兴趣。例如，假设一个已知用户定期在某个时间访问一个敏感位置，并使用简单的混淆机制来保护其位置隐私。在此之后，攻击者可以通过将隐藏区域缩小到敏感区域的位置来获得隐藏位置，从而提高其攻击准确性[9]。

2. 观察攻击

在这种类型的攻击中，攻击者通过观察收集用户信息。因此，观察攻击是一种特殊类型的个人上下文信息链接攻击。例如，如果攻击者可以看到被观察用户和该用户正在使用假名,那么攻击者就可以通过单个关联来追踪该用户以前使用同一个假名的所有位置[9]。

3. 概率分布攻击

这种攻击基于环境上下文信息和收集的流量统计数据。攻击者试图从隐藏区用户位置获得概率分布函数。如果概率不是均匀分布的,攻击者就能以很高的概率识别出用户所在区域[17]。

3.3 隐私保护机制

隐私保护机制是用于实现隐私保护的技术。本文概述了保护 LBS 用户隐私的现有机制。抽象地说,隐私保护机制可被定义为一种转换,其在对手观察到每个用户的查询之前,将其映射到不同的查询[16]。在大多数情况下,这种转换由两个函数组成:第一个函数根据特定标准将用户身份转换为假名,第二个函数转换位置[16]。为了确保 LBS 用户的隐私,需要保证同时保护用户位置和用户请求。这就是为什么有两种类型的隐私保护。第一种类型的隐私保护称为位置隐私,要求对手(未授权方)不知道用户的当前或过去位置。第二种类型称为查询隐私,要求对手不能将特定请求与特定用户联系起来。有许多研究工作代表了最先进的用户隐私保证机制。本节将简述这些机制的基本原理。

3.3.1 隐身

隐身机制使用 k-匿名模型来保证位置隐私。k-匿名模型是不限于安全性的概念。k-匿名确保对手无法将请求的发送者与 $k-1$ 个其他用户区分开来。

因此,这种机制背后的基本思想是,用户向服务提供商发送一个区域,而不是他们的确切位置。此外,该区域必须包含查询提交者的确切位置和至少 $k-1$ 个其他用户的位置。隐身机制确保服务提供商只接收某个时间间隔,而从不接收准确的信息。

3.3.2 加密技术

加密技术(例如对称加密)更多地用于加密方法中,以确保位置的私密性。在参考文献 [12] 中,作者使用对称加密来确保针对 LBS 供应商隐藏用户的当前位置。

另一方面,在参考文献 [7] 中,作者使用个人信息检索(PIR)技术来确保位置隐私。

3.3.3 混淆技术

这些机制使用伪装技术。例如,他们使用地理坐标转换来隐藏用户的坐标,这允许发送给服务提供商更广泛的地理区域，而不是确切的位置。因此，该机制的主要目标是有意降低信息的质量，以确保用户隐私保护。此外，这些机制使用 k- 匿名模型来评估位置隐私的保护情况。这些机制背后的主要思想是使用用户的位置历史来创建隐藏区域[14, 15]。

换句话说，这种机制需要使用更广泛的区域，必须包含用户的实际位置。因此，这里可以将位置混淆技术定义为"一种故意降低用户位置信息质量的手段"[6]。

3.3.4 虚拟程序

虚拟查询用于匿名化位置。在这种保护技术中，用户的确切位置与一组虚拟位置（其他虚拟位置）一起传输给服务商。因此，使用虚拟程序的主要目的是保护用户的确切位置。在这种情况下，服务提供商有义务为每个虚拟位置重新发送响应。此外，这些机制使用 k- 匿名模型来评估位置隐私的保护情况。

此外，该机制确保可以放弃使用第三方提供商。换句话说，用户可以创建虚拟模型，而不必采用第三方提供商。

然而，如果对手有上下文信息，可以很容易地区分虚拟请求和真实请求。例如，如果一个虚拟位置在湖中，那么对手可以很容易地放弃这个虚拟位置。

3.3.5 混合区

在混合区机制中，用户位置隐藏在混合区中。这种机制的优点在于确保用户的位置在混合区中是未知的。此外，在这些混合区中，用户不发送位置更新。

此外，为了确保这种机制的成功，每个用户至少拥有一个混合区是必要的。这样，服务提供商就无法检索用户位置[3]。

因此，该机制的基本思想是在用户之间改变区域用户的身份。这样，攻击者就无法链接不同的用户身份。

3.4 隐私保护机制比较

有必要对许多现有隐私保护机制进行总结或综合，以保证针对需求提供最佳功能。表 3.1 对诸多机制进行了较好的总结。

为了至少提供一个比较保护机制的初步工具，提出了一些关键因素[1]：
（1）需要一个第三方提供商（可信第三方）；
（2）向 LBS 提供商报告任何位置信息；
（3）针对 LBS 提供商的特殊实现；
（4）有效性（隐私和效用）；
（5）查询类型：快照或连续查询。

表 3.1　不同位置隐私保护机制的对比

机制	第三方提供商	位置信息	截图（S）/连续（C）查询	隐私	效用	特殊实现
混淆技术	不	地区	S/C	是	是	不
虚拟程序	不	是	S	是	不	不
混合区	是	是	S	是	不	不
k-匿名	不	地区	S/C	是	是	不
空间隐身	不	地区	S/C	是	是	不
密码学	不	不	S/C	是	不	是

图 3.2 介绍了隐私和保护方法性能之间的权衡[1]。

加密方法提供完全的隐私保护，不会泄露位置信息。然而，在性能方面，加密操作会带来更高的请求处理成本，以及服务器上的计算和通信成本。

非加密方法如空间转换方法和隐身方法，以低成本提供一定程度的保护，同时保持数据的地理有效性及其可用性。此外，这些方法会导致请求处理过载，其中区域请求是在隐身区域中处理的，见图 3.2。

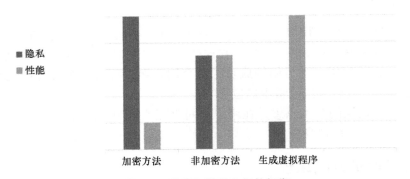

图 3.2　隐私和性能之间的权衡

3.5　环境类型

本章参考文献中，已有学者提出主张，应保护欧氏空间中用户和路网中其他人隐私的研究。

在路网中，用户的移动受到路网路段的限制。移动制约了用户的最高速度，还有路网路段的方向。另一方面，在欧氏空间中，用户移动没有限制。用户可以在欧氏空间中自由移动，即没有方向或速度限制。

图 3.3 表示了欧氏空间和路网空间之间的区别。图 3.3a 表示用户在欧氏空间中的移动，用户可以在两点 i 和 j 之间直接穿过，而不用考虑路网段。

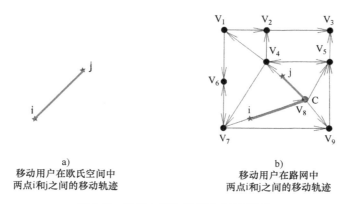

a) 移动用户在欧氏空间中两点 i 和 j 之间的移动轨迹

b) 移动用户在路网中两点 i 和 j 之间的移动轨迹

图 3.3 欧氏空间与路网空间的区别

图 3.3b 显示了路网用户的移动情况，它表示路网中的用户移动。用户必须通过点 C，以便在路网的两点 i 和 j 之间穿过。

3.6 贡献机理

本章提出了一种保护用户隐私的方法。提出这种方法旨在确保欧氏空间中的用户隐私保护。

与其他方法相比，本文提出的方法允许用户确定隐私要求的参数，例如不同位置的最低要求。

此外，该方法考虑了速度相似性和方向相似性，以确保用户未来高概率隐藏于一起。在欧氏空间方法中，本文研究考虑隐藏用户的位置历史以确保持续的查询保护。

该方法中，k-匿名模型被认为是一种保护要求。该模型的主要优点是，使得每个用户无法与 $k–1$ 个其他用户区分开来。因此，该方法将用户的确切位置扩展到欧氏空间方法的隐藏区域。此外，k_{global} 要求当前集合（区域）与以前创建的集合交集大于 k_{global}。该条件用于连续查询。

此外，这里将 A_{min} 和 A_{max} 视为隐私要求，以保证更好的服务质量（QoS）。A_{max} 和 A_{min} 参数指定被掩盖区域必须具有最大和最小长度。针对暴露小的隐藏区域，用户会感到不舒服，因为这个小区域内的任何点都将更接近用户的确切位置。正是出于这个原因，使用了参数 A_{min}。此外，在 A_{max} 的值较高的情况下，QoS 相对较差。这是因为用户的确切位置可能远离服务。

在本章提出的方法中，作者使用了族原则。使用族的主要优点是它对位置攻击非常有效。

为了防止连续位置攻击，本文提出的方法基于 MMB 和 MAB 方法。MAB 方法的保护原理是要求 t_i 时刻的隐藏区域完全被用户在 t_{i+1} 时刻的 MAB 覆盖。MMB 方法的保护背后原理是，它还要求在时间 t_{i+1} 的隐藏区域被用户在时间 t_i 的 MMB 完全覆盖。

对于连续查询，如果 k_{global} 的条件被满足，这里提出的方法继续发送隐藏区域的集合给 LBS 提供商。

为了应对查询攻击，作者考虑了用户的运动相似性。这通过计算方向相似性和速度相似性来确保。正是由于这个原因，k 个用户应该有相似的移动。此外，请求者必须被至少 $k-1$ 个其他用户屏蔽。还有，这 k 个用户一定采用族形式。这些最后约束对于确保整体机密性非常重要。

3.7 本章研究在欧氏空间中的贡献

在提出的方法中，为了应对这些攻击，作者通过一个无向图 $G(V, E)$ 对用户隐私需求进行建模，其中集合 V 表示用户位置，集合 E 是边的集合。如图 3.4a 所示，每个用户都有自己的 MMB。

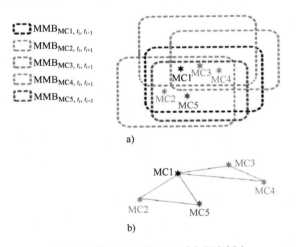

图 3.4 无向图 $G(V, E)$（见彩插）

本文使用 MMB 距离来确定近邻点，并在移动用户之间建立边。在两个用户 MC1 和 MC2 之间存在边 e，当且仅当：

（1）用户 MC1 被用户 MC2 的 MMB 覆盖；

（2）用户 MC2 被用户 MC1 的 MMB 覆盖。

在构建了该图之后，选择了族。图 $G=(V, E)$ 的族 $C=(S, A)$ 是完全子图，即族的任意两个顶点总是相邻的。

如图 3.5 所示，四个用户 C1、C2、C3 和 C4 组成了一个族。所有这些族用户代表一个隐藏候选集，并且他们位置的 MBR 被用作候选隐藏区。这里使用族来防止对手将用户排除在隐藏集之外，并确保用户隐藏于一体。

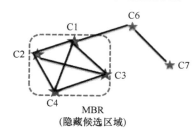

图 3.5　族 $C = (S, A)$

3.7.1　欧氏空间中隐藏候选集的选择方法

本文提出了一种选择候选集的方法。当且仅当：
（1）族：用户群必须是族的形式；
（2）速度和方向相似性：这组用户必须具有相同的移动相似性；
（3）位置匿名 $k \leqslant UC$：用户数量必须大于 k；
（4）隐身粒度 $A_{\min} \leqslant MBR(EC) \leqslant A_{\max}$：用户集合的 MBR 必须满足最小和最大区域约束；
（5）L-多样性：这群组用户必须有至少 L 个不同的查询来处理同质攻击；
在满足所有这些条件之后，该集合的 MBR（最小外接矩形）是用于隐藏的候选区。

3.7.2　创建合格隐藏区域的方法

如果该候选隐藏区 CR_{ti} 满足以下条件，则它是合格的隐藏区 R_{ti}：
（1）MMB 和 MAB 的属性：在时间 t_{i-1}，候选区和前一区之间的距离必须考虑 MMB 和 MAB 的属性，以应对位置攻击。
（2）全局匿名化：隐藏 CR_{ti} 的候选区与先前创建候选区的交集大小必须大于 K_{global}，以确保全局匿名化。
（3）K-共享性质：该候选区必须满足 K 共享性质，以应对链接攻击。
在满足了所有这些条件之后，这个候选区就是一个被传送给提供商的合格隐藏区。

3.7.3　运行方法

如图 3.6 所示，在本文提出的方法中，移动用户向中央服务器发送一个请求，请求在那里被处理并对其他客户端隐藏。然后，中央服务器建立区域请求，将该区域请求而不是用户请求发送给供应商。然后，提供商将所有结果发送到中央服务器。之后，中央服务器过滤结果，并根据用户的确切位置将其发送给用户。提供商是一个关键位置，在这里，位置上下文和查询内容可能会侵犯客户隐私。

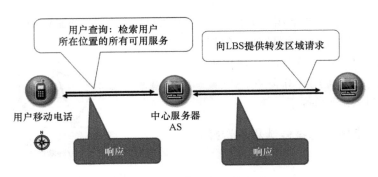

图 3.6　本章提出的运行方法

3.7.4　所提方法的隐藏原则

本章提出的保护方法的基本思想是找到一组满足用户隐私要求和本文提出方法条件的隐藏。可以将所提出的方法分为四个步骤，如图 3.7 所示：

（1）接收查询：在接收到请求后，将查询传递给保护进程，以根据用户的隐私要求生成隐藏区。

（2）图形和族：为每个用户构建 MMB，以确定近邻点并构建图形；隐藏方法是基于族的，其中央服务器将继续搜索包含提交查询的族。

（3）隐藏候选集：然后，使用本章提出的两种方法来选择候选集并创建合格的隐藏区域。

（4）连续查询：对于连续查询，本章提出的方法是基于历史的，即，为了在下一个快照创建隐藏区，中央服务器使用先前隐藏区的用户。此外，在连续查询的生命周期中，如果满足 K_{global} 条件，中央服务器继续向 LBS 提供商发送区域请求。

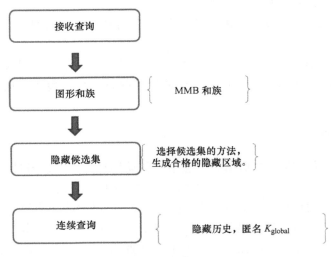

图 3.7　隐藏原则

3.7.5 生成虚拟对象（虚拟查询）

在本章提出的方法中，一种方法是创建虚拟查询，因为如果不满足 k 匿名要求，其他核心方法将表现不佳。因此，在这种情况下，集中式管理有两种选择：

（1）在同一区域等待 $k–1$ 个其他查询；

（2）扩展查找 $k–1$ 其他查询的区域，直到该区域包含 $k–1$ 个以上的其他客户端。

但是这些集中式管理的问题是，如果集中式管理在这两个选项之后仍然不能满足 k-匿名要求，那么发布者的请求将被删除。这就是在本文提出的方法中创造了虚拟变量的原因。

为此，为了确保工作可靠性，本方法生成了虚拟模型，而不是删除用户请求来满足 k-匿名要求。

如图 3.8 所示，该区域只有三个用户，$k=4$；所以创建了一个虚拟变量来满足 k-匿名的要求。

如果这些虚拟用户是随机生成的，对手可以很容易地发现真实用户和虚拟用户之间的差异。因此，在本文提出的方法中，虚拟用户必须满足真实用户查询的时间和空间属性（看起来像真实用户）。

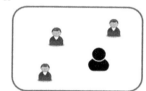

图 3.8 生成虚拟用户

3.8 实验

本节使用移动用户生成器（Brinkhoff）来测试该方法的有效性。生成器的输入是实际城市路网。

本节使用三个参数来评估该方法：从 K_p 表示的隐私保证开始。K_p 代表的隐私保障：

$$K_p = (R_0 \cap R_1 \cap R_2 \cap R_n / |R_0|) * 100。$$

如图 3.9 所示，与 D-TC 和 V-DCA 相比，当快照数量达到 V-DCA 的 90 个和 D-TC 的 70 个时，本节提出的方法中 K_p 相对较大。此外，本文提出的方法更加稳定，对于快照数超过 120 个时，准确率为 15%。

因此，测试结果表明，本文提出的方法在连续快照的第一时钟区域（R_0）内保留了更多的客户端。这要归功于选择隐藏集的方法。

第二个指标是 QoS。如图 3.10 所示，与 D-TC 和 V-DCA 相比，本章提出的方法的平均隐藏区域和平均距离比其他方法小得多，也更稳定，这表明，同其他方法相比，本章研究提供了更稳定且更高的 QoS。

此外，根据这些测试结果以及先前的测试结果，表明其他方法保护了隐私，但却导致 QoS 较低。因此它们无法更好地兼顾隐私和 QoS 之间的平衡。

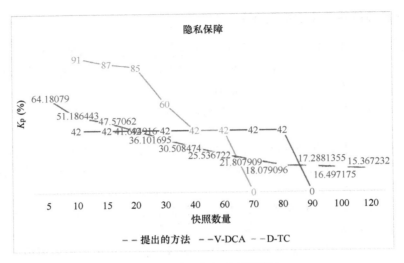

图 3.9 隐私保证（见彩插）

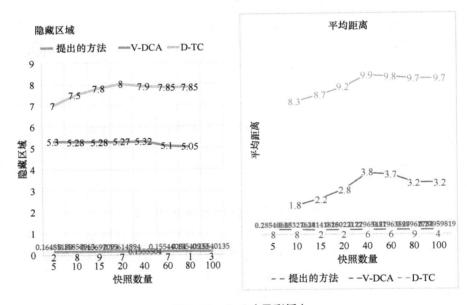

图 3.10 QoS（见彩插）

第三个指标是性能，它表示找到隐身区域所需的时间。如图 3.11 所示，在第一个快照中，本章提出的方法比 GCA 方法执行得更好。但是其他 V-DCA 和 D-TC 方法比本文提出的方法效果更好。因为，在本章提出的方法中，考虑了更多的因素来确保隐私和 QoS 之间的良好平衡，例如族构建、运动相似性、A_{min} 和 A_{max}。此外，发现这些族的过程需要很多时间。此外，本章提出的方法考虑了几种类型的攻击。

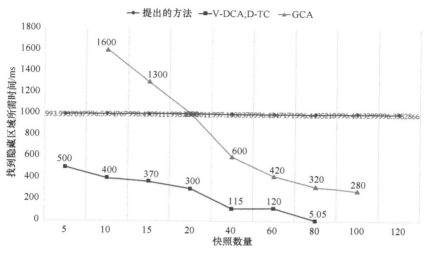

图 3.11 性能

3.9 相关研究的比较

如图 3.12 所示,有些方法采用了一种或两种隐私措施。有些方法倾向于位置保护,还有些方法通过查询保护隐私。

	隐私全域			攻击				统计/动态	隐私保护类型		隐私指标
	位置	身份	时间	位置	链接	查询采样	同质	Snap/Cont	查询隐私	位置隐私	
Pan 等人 2012	Yes	Yes	Yes	Yes	Yes	No	No	C	No	Yes	2
Memon 等人 2015	No	Yes	Yes	No	Yes	Yes	Yes	C	Yes	No	2
Saravanan 等人 2016	Yes	Yes	Yes	Yes	Yes	No	No	S/C	No	Yes	2
UM 等人 2009	No	No	No	No	No	No	No	S	No	Yes	2
Bamba 等人 2008	No	No	No	No	No	No	No	S	No	Yes	2
Lee 等人 2012	No	No	No	No	No	No	No	C	Yes	No	1
Wang 等人 2012	No	No	No	No	No	No	No	C	Yes	No	1
提出的方法	Yes	Yes	Yes	Yes	Yes	Yes	Yes	S/C	Yes	Yes	3

图 3.12 相关研究比较

此外，其他方法提供了针对单一类型攻击的特殊解决方案。另一方面，在本文提出的方法中，考虑了几种类型的攻击。

3.10 结论

本章介绍了几种用户隐私攻击模型。此外，本文还对目前的保护机制进行了评述。隐私攻击是一种严峻的挑战，因为其威胁到 LBS 用户的隐私。实现协议和安全机制来控制 LBS 的实体，保护用户安全，并且允许用户放心地使用 LBS 系统是非常重要的。此外，本文还提出了一种方法，以确保欧氏空间内的用户隐私位置。

本章研究无法立即将欧氏空间机制应用于路网环境，因为这种机制带来低效的查询处理和隐私损失。故而本章提出另一种方法来确保针对路网设计的 LBS 用户隐私。

致谢

本项研究得到了阿尔及利亚 LINFI 智能计算机科学实验室的部分支持。本章作者感谢 LINFI 实验室的一些同事，他们提供的见解和专业知识极大地帮助了本项研究。

参考文献

[1] Ahmed Aloui and Okba Kazar. A survey on privacy preservation in location-based mobile business: Research directions. *International Journal of Web Portals (IJWP)*, 13(1):20–39, 2021.

[2] Ahmed Aloui, Okba Kazar, Samir Bourekkache, and Fouzia Omary. An efficient approach for privacy-preserving of the client's location and query in m-business supplying lbs services. *International Journal of Wireless Information Networks*, 1–22, 2020.

[3] Alastair R. Beresford and Frank Stajano. Mix zones: User privacy in location-aware services. In *Proceedings of the 2d IEEE Annual Conference on Pervasive Computing and Communications Workshops*, pages 127–131. IEEE, 2004.

[4] Chi-Yin Chow and Mohamed F. Mokbel. Enabling private continuous queries for revealed user locations. In *International Symposium on Spatial and Temporal Databases*, pages 258–275. Springer, 2007.

[5] Maria Luisa Damiani. Location privacy models in mobile applications: conceptual view and research directions. *GeoInformatica*, 18(4):819–842, 2014.

[6] Matt Duckham and Lars Kulik. A formal model of obfuscation and negotiation for location privacy. In *International Conference on Pervasive Computing*, pages 152–170. Springer, 2005.

[7] Gabriel Ghinita, Maria Luisa Damiani, Claudio Silvestri, and Elisa Bertino. Preventing velocity-based linkage attacks in location-aware applications. In *Proceedings of the 17th ACM SIGSPATIAL International Conference on Advances in Geographic Information Systems*, pages 246–255. ACM, 2009.

[8] Liliana Gonzalez, Pedro Wightman Rojas, M Labrador, *et al.* A survey on privacy in location-based services. *Ingeniería y Desarrollo*, 32(2):314–343, 2014.

[9] Marco Gruteser and Dirk Grunwald. Anonymous usage of location-based services through spatial and temporal cloaking. In *Proceedings of the International Conference on Mobile Systems, Applications and Services*, pages 31–42. ACM, 2003.

[10] Ali Khoshgozaran, Houtan Shirani-Mehr, and Cyrus Shahabi. Spiral: A scalable private information retrieval approach to location privacy. In *2008 9th International Conference on Mobile Data Management Workshops, MDMW*, pages 55–62. IEEE, 2008.

[11] Eyal Kushilevitz and Rafail Ostrovsky. Replication is not needed: Single database, computationally-private information retrieval. In *Proceedings 38th Annual Symposium on Foundations of Computer Science*, pages 364–373. IEEE, 1997.

[12] Sergio Mascetti, Dario Freni, Claudio Bettini, X. Sean Wang, and Sushil Jajodia. Privacy in geo-social networks: Proximity notification with untrusted service providers and curious buddies. *The VLDB Journal-The International Journal on Very Large Data Bases*, 20(4):541–566, 2011.

[13] Xiao Pan, Jianliang Xu, and Xiaofeng Meng. Protecting location privacy against location-dependent attacks in mobile services. *IEEE Transactions on Knowledge and Data Engineering*, 24(8):1506–1519, 2012.

[14] Aniket Pingley, Nan Zhang, Xinwen Fu, Hyeong-Ah Choi, Suresh Subramaniam, and Wei Zhao. Protection of query privacy for continuous location based services. In *2011 Proceedings IEEE INFOCOM*, pages 1710–1718. IEEE, 2011.

[15] Daniele Quercia, Ilias Leontiadis, Liam McNamara, Cecilia Mascolo, and Jon Crowcroft. Spotme if you can: Randomized responses for location obfuscation on mobile phones. In *2011 31st International Conference on Distributed Computing Systems*, pages 363–372. IEEE, 2011.

[16] Reza Shokri, Panos Papadimitratos, George Theodorakopoulos, and Jean-Pierre Hubaux. Collaborative location privacy. In *2011 IEEE 8th*

International Conference on Mobile Ad-Hoc and Sensor Systems, pages 500–509. IEEE, 2011.

[17] Reza Shokri, George Theodorakopoulos, Jean-Yves Le Boudec, and Jean-Pierre Hubaux. Quantifying location privacy. In *2011 IEEE Symposium on Security and Privacy,* pages 247–262. IEEE, 2011.

[18] Marius Wernke, Pavel Skvortsov, Frank Dürr, and Kurt Rothermel. A classification of location privacy attacks and approaches. *Personal and Ubiquitous Computing*, 18(1):163–175, 2014.

第 4 章　加密网络流量分析的机器学习模型

Aradhita Bhandari, Aswani Kumar Cherukuri, Sumaiya Thaseen Ikram
印度韦洛尔理工学院信息技术与工程学院
电子邮箱：aradhita.bhandari2018@vitstudent.ac.in; aswani@vit.ac.in; sumaiyathaseen@gmail.com

摘要

流量分类对于从不同流量中识别正常行为至关重要。占据全球一半流量的现代应用程序会生成加密流量，以保护客户端和服务器之间的数据。现代应用程序需要通过加密来防止对手访问私人信息，如用户行为模式、应用程序数据和密码。理想情况下，这种加密流量应该是合法的；但在某些情况下，加密流量可能隐藏病毒、蠕虫和特洛伊木马等恶意软件。因此，为了保护网络，需要实时开展大规模加密流量分析，以尽快识别异常模式。本章将讨论用于分析加密流量的各种非监督、监督和半监督学习技术。本章介绍了众所周知的第一种针对加密网络数据的流量分析。用于分析的学习模型是 K- 均值聚类、随机森林、标签传播和 AdaBoost 分类器。实验分析在 UNSW_NB15 加密流量数据集上进行。

关键词： 异常模式，聚类，加密流量，随机森林，监督学习，非监督学习

4.1　引言

网络流量必须经过分析，以诊断问题、调配资源并识别网络攻击或误用。恶意数据包并不罕见，通常发生在入侵者获得网络访问权之后，或者在合法用户试图中断网络策略之时。由于加密协议的使用越来越多，阻碍了传统的流量分析，因此流量表征存在问题。

许多研究人员通过提出各种解决方案来解决加密网络流量的分类问题。例如，加密网络流量分类方案[1]是仅考虑定时信息来开发的。加密网络流量[2]仅分析数据包长度信息，基于客户端之间的双向通信进行识别。Barut 等人[3]全面调查了一系列常用的机器学习和深度学习技术，以检测加密的恶意软件。吞吐量以及 CPU 和 RAM 的消耗量经过了详细的测试。此外，这些算法的分类精度也已被

确定。Leroux 等人[6]使用从加密流中导出的特征进行分析。使用机器学习方法训练这些特征，以预测通过 TOR 或 IPsec 隧道的流量类型。他们采用紧凑的机器学习模型，在最小窗口尺寸上操作。因此，这种技术可以实时使用。尚未解决的常见问题是，每种技术的性能都受限于特定数据集。

为实现这一目标，需要应对几种挑战。加密流量的属性收集是通过探索数据进行流量分类的首要挑战。第二个挑战是确定可以产生最佳性能的机器学习分类器。至关重要的是，用于攻击分析的真实世界数据往往高度偏斜，影响分类器模型的性能。此外，标记大量数据通常是不可能的，尤其是在加密流量分析的情况下。因此，需要一种高效的半监督机器学习方法来处理自然偏斜的数据。

本章将通过部署有效的特征选择和机器学习技术来解决这两个挑战。

这项研究工作的目标如下：

（1）开发一种高效的技术，使用机器学习来识别加密网络流量中的恶意活动；

（2）确定用于加密网络流量指纹识别的无监督算法的有效性；

（3）比较加密网络流量分析的非监督和监督学习算法；

（4）使用各种技术来改进两个性能最佳网络的结果。

4.2 文献综述

学者们已经针对用于流量分析的各种机器学习分类器进行了大量研究。Limthong 和 Tawsook[7]利用了两个著名的机器学习算法：朴素贝叶斯和 K- 近邻（K-Nearest Neighbor，KNN）。本文作者进行了一些实验来调查基于时间的网络流量变化与各种形式的网络异常之间的关联。他们的发现将帮助研究人员和网络管理人员为每种异常选择合适的基于时间的特征，以及为其系统选择机器学习方法。

Akbari 等人[10]开发了一种神经网络方法，他们利用最少的参数实现了 95% 的服务分类精确率。Cai 等人[4]对攻击和防御进行了系统分析，以确定哪些流量特征传递了最多的信息；为实现给定安全级别的任何防御建立了带宽成本的下限；以及提出了一个数学框架，基于封闭世界中的性能来评估开放世界中的指纹攻击和防御。Cherubin 和 Juárez[5]建议两个网站 WF 防御洋葱路由站点在应用层工作，一个用于服务器，一个用于客户端。这种应用层的优势是：①允许对网页内容进行粒度控制，这可能是网站指纹攻击可行的原因；②易于构建防御。

Moustafa 和 Slay[8]创建了一个 UNSW-NB15 数据集，融合了 UNSW 校园内生成的合法流量和攻击流量，并分析了现有的和新的流量识别技术。此外，Moustafa 和 Slay[9]展示了 UNSW-NB15 数据集的复杂性，并对其属性的相关性和统计分析进行了检查。五个现有的分类器用于分析性能，而该数据集是评估 NIDS 的基准数据集之一。

Perera 等人[11]比较了六种常用监督机器学习算法的结果，观察到随机森林和决策树技术产生的卓越性能。Velan 等人[12]分析了加密流量及其分类。作者确定了加密应用协议和加密协议。Cherukuri 等人[13]研究了各种基于流量的流量分类方法，并讨论了在物联网网络中实现发送方之间流量完整性的机制。Jha 等人[14]部署了各种机器学习方法，根据请求持续时间和数据包大小识别 HTTPS DNS（DoH）隧道。Ikram 等人[15]利用不同的神经网络模型在 UNSW-NB 和自定义生成的数据集上开发了一种鲁棒的异常检测方法。集成分类器 XGBoost 吸收了各种神经网络模型的结果，从而提高了精度。

本章研究了大量有关各种机器学习模型的文献，并使用加密的流量数据集进行了实验，以分析分类器的性能。

4.3 背景

4.3.1 监督学习

1. 自适应提升（AdaBoost）算法

自适应增强是一种机器学习方法，旨在使用简单的决策树来改善传统学习方法的结果。它由多个被称为"弱学习者"的单分割决策树组成。然后，这些"弱学习者"一起工作，直到他们可以组合成一种单一的"强"分类器。

该算法通过关注不正确预测而非正确预测来"促进"其学习过程，因此得名自适应。通过这样做，算法可以专注于纠正错误，而不是在已经正确的预测上耗费精力。

该模型按以下步骤工作：

步骤 1：使用任意和相等的初始权重针对数据进行一系列单分割决策树（"弱学习器"）训练；

步骤 2：找到初始预测，并与真实标签值进行比较；

步骤 3：不正确的预测比其他预测具有更高的权重；

步骤 4：对更多的学习者重复该过程，直到模型达到学习者数量或精确率的极限。

2. 随机森林

随机森林是一种众所周知的监督机器学习方法。这是一个集成了几个分类器的合成模型，因此提高了性能。分类器包含给定数据集的各种子集上的许多决策树，并取平均值来提高该数据集的预测精度。

4.3.2 无监督学习

K- 均值聚类

K- 均值聚类是一种无监督学习技术，它将未标记的数据集分成各种群簇。在该技术中，"K"指定了在该过程中必须产生的预定义群簇的数量；例如，如果 $K=2$，将产生两个群簇，如果 $K=3$，将产生三个群簇。在这种中心方法中，每个群簇都有其唯一的中心。这种技术的主要目标是减少数据点和它们所属群簇之间的距离总和。

该技术将未标记的数据集作为输入，将其分成 K 个群簇，并继续该过程，直至发现更好的群簇。在这个算法中，K 值应该是预先确定的。

实现 K- 均值算法的步骤如下：

步骤 1：为了确定群簇数，选择 K；
步骤 2：随机选择 K 位置或中心（它可能与输入数据集不同）；
步骤 3：将每个数据点分配到离它最近的中心，形成预设 K 群簇；
步骤 4：确定方差并重新定位每个群簇的中心；
步骤 5：与第 3 步相反，将每个数据点重新分配给群簇新的最近中心；
步骤 6：如果有重新分配，转到第 4 步；否则，移至结束。

4.3.3 半监督学习

标签传播

标签传播是一种快速算法，用于检测图中的社区，类似于聚类算法的工作方式。它依赖于这样一种逻辑，即标签将在密集连接的节点之间快速"传播"，但需要很长时间才能长距离传播到稀疏连接的节点。因此，类似的节点将以相同的标签结束。由于模型需要部分标注的数据，因此它使用随机的唯一标注值，并舍弃其余数据。

该算法按以下步骤工作：

步骤 1：每个节点都用一个标签初始化；
步骤 2：标签通过迭代在网络内传播，其中每个节点更新其标签以匹配其大多数相邻点；
步骤 3：这证明重复进行，直到达到用户定义的最大值或者标签收敛而没有新的学习。

4.4 实验分析

4.4.1 数据集

原始网络流量是在 UNSW 堪培拉的网络靶场实验室中生成的，用于融合真实和合成的当代攻击行为。本文使用的训练集有 44 个不同的特征，包含约 175341 行数据，其中每一行代表一个加密数据包。

4.4.2 特征分析

数据集中的 attack_cat 特征代表的是攻击标签。表 4.1 中的列还包括对 attack_cat 列进行标签编码的结果。可以明显看出表 4.1 中的目标特征严重失衡，"蠕虫"仅占整个数据集的 0.07%。非攻击数据占全部数据的 30% 以上，前三大攻击类型占全部数据的 50% 以上。为了对数据进行推断，此处已计算各种特征之间的相关性以显示数据间的关系。皮尔逊相关系数表明数据之间的线性关联；如果数据间的关系可以用完美的线性表示，那么相关的大小将为 1，正相关为正，负相关为负。不相关值的大小为 0。本部分使用 Pandas 的 DataFrame.corr() 方法计算相关性。观察到相当多的列与目标类不相关。这可能导致学习精确率的降低。此外，许多非目标特征是高度相关的，这意味着它们对训练没有太大贡献，而是消耗更多的资源并且可能降低精确率。

表 4.1 attack_cat 列中的标签描述

标签	描述	计数	占比	编码
常规	良性数据包	56000	31.94%	6
一般	攻击分组密码	40000	22.81%	5
利用	利用系统中的漏洞	33393	19.04%	3
模糊器	将随机生成的数据输入程序或网络，以破坏功能	18184	10.3%	4
磁盘操作系统	连接到互联网的主机服务被暂停	12264	6.99%	2
侦察	情报收集攻击	10491	5.98%	7
分析	如端口扫描、垃圾邮件和 html 文件渗透	2000	1.14%	0
后门	绕过安全机制访问计算机或其数据	1746	1.00%	1
Shell 代码	利用漏洞的代码负载	1133	0.65%	8
蠕虫	自我复制的记忆腐蚀者	130	0.07%	9

首先，删除与目标类相关性小于 0.1 的数据。如表 4.2 所示，仅保留 20 项功能。值得注意的是，另一个属性和目标类之间的最高相关值是 0.3。

其次，将每个特征与相关幅度高于 0.65 的目标标签之外的其他特征进行比较。这样产生了用于训练的九个特征（proto、rate、sttl、sload、dload、smean、dmean、ct_flw_http_mthd 和 is_sm_ips_ports）。所有这些特征都被舍弃了。

表 4.2　根据皮尔逊相关法提取的特征

特征	相关值
dload	0.18287
dmean	0.228046
proto	0.729044
ackdat	0.229887
is_sm_ips_ports	0.238225
dttl	0.279989
ct_flw_http_mthd	0.290195
dpkts	0.292931
smean	0.303855
sload	0.305579
ct_dst_ltm	0.318517
ct_src_ltm	0.328629
ct_dst_src_ltm	0.337979
ct_srv_src	0.341513
ct_srv_dst	0.357213
ct_state_ttl	0.393668
rate	0.504159
ct_src_dport_ltm	0.577704
ct_dst_sport_ltm	0.692741
sttl	0.727173

少量特征显著减少了培训和使用的资源开销。因为这是一个真实世界的系统，所以在特征选择过程中考虑了模型轻便性和再训练容易性。如果没有达到足够的精度，可以增加更多特征。

4.4.3　预处理

由于只有九个特征用于训练，因此解决任何可能导致训练质量下降的问题是很重要的。高偏度会导致模型将"尾部"区域中的所有数据误解为离群值数据，从而对模型性能产生负面影响。每列偏度见表 4.3。由于特征 ct_flw_http_mthd 类的偏度最高，为 23.45，因此采用了平方根变换，偏度降低至 4.00。平方根变换也被应用于特征负载，并且偏度从 8.70 降低至 1.93。

表 4.3　选择特征的偏度

特征	偏度
proto	−3.58
rate	3.32
sttl	−0.68
sload	8.70
dload	4.69
smean	3.73
dmean	2.83
ct_flw_http_mthd	23.45
is_sm_ips_ports	7.78

4.4.4　模型结果

预处理后的数据被直接输入给每个模型；超参数的任何变化将在特定模型的

模型结果部分进行讨论。在两级半监督标签传播模型训练期间，数据根据攻击类型进行分离。

1. K-均值聚类

为了验证 K-均值聚类，必须分析单个聚类，其中具有原始标签的聚类可以被分组；群簇大小通常是一个很好的指标。这些簇已经通过图 4.1 中的图形进行了可视化表示。

因为目标类中有 10 个不同的类别，所以 K 的原始值被设置为 10。从图 4.1 推断，这 10 个群簇的平均大小大致相同。虽然某些簇在视觉上比其他族小，但从视觉上可以清楚地看到，没有一类别达到了正常数据包应该达到的 31.9% 的权重。类似地，没有一个类别满足标签"蠕虫"的 0.07% 权重。

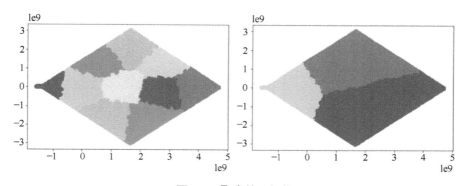

图 4.1 聚类的可视化

然后，执行一种能够应对零日漏洞攻击的方法。簇数量设置为 2，预期所有非攻击数据包将构成近 30% 的簇，而所有攻击数据包将占据剩余的 70%。然而，这种分割也几乎是均匀的，类似于 K=10。

最后，初始化 K=3 以分析非攻击类的分裂。这种分裂导致的集群占据整个数据集的 30%。目前还无法确定哪些攻击被划分为另外两类。在训练数据中较小集合的攻击似乎在两个簇中分裂，没有明显的区别因素。

因此，虽然 K=3 的 K-均值聚类算法可以识别加密流量分析中的"常规"数据，但它无法将恶意数据包分类为针对这一组特定特征的攻击类型。

这种无能为力是可以预料的，因为 K-均值聚类法信任相似类中信息的空间接近度。这意味着在单个聚类中的各种数据之间，一些或几个特征应该是相似的。然而，正如相关性分析所揭示的，任何一个特征与目标的最高相关度是 0.3。这使得基于距离的聚类法难以准确识别聚类是如何形成的。此外，由于目标和其他特征之间的相关性很低，所以聚类法在训练过程中经常创建相似大小的群簇。由于训练数据存在高级不平衡，精确率也有所下降。

2. 指标

使用分层随机分割对数据进行分割，以比较监督模型和半监督模型，从而确保所有类别都得到均匀代指。训练数据占 70%，测试数据占 30%。原始数据集被标记为标签。所分析的各种分类指标是：准确度[一]、召回率、F1 值和精确率[一]。

3. AdaBoost 算法

AdaBoost 分类器获得的精确率为 73%。表 4.4 中的混淆矩阵显示，该分类器几乎没有学习到 rowsier 数非常少的目标类。然而，令人印象深刻的是，"常规"类别学习满分。

表 4.4　AdaBoost 的混淆矩阵

标签	准确度	召回率	F1 值	支持
分析	0.05	0.46	0.10	393
后门	0.00	0.00	0.00	360
磁盘操作系统	0.24	0.04	0.07	2370
利用	0.67	0.56	0.61	6772
模糊器	0.46	0.62	0.53	3570
一般	0.92	0.88	0.90	8097
常规	1.00	1.00	1.00	11169
侦察	0.49	0.44	0.46	2098
Shell 代码	0.00	0.00	0.00	233
蠕虫	0.00	0.00	0.00	25
宏平均值	0.38	0.40	0.37	35069
加权平均值	0.75	0.73	0.73	35069

4. 随机森林

随机森林分类器获得的精确率为 76%。表 4.5 中的混淆矩阵表明分类器没有很好地学习行数非常少的目标类，从而降低了模型的准确度。

表 4.5　随机森林的混淆矩阵

标签	准确度	召回率	F1 值	支持
分析	0.43	0.22	0.29	417
后门	0.08	0.14	0.10	350
磁盘操作系统	0.26	0.58	0.36	2407
利用	0.66	0.41	0.51	6737
模糊器	0.78	0.75	0.76	3567
一般	0.87	0.98	0.92	8023

[一] precision。——译者注
[一] accuracy。——译者注

（续）

标签	准确度	召回率	F1 值	支持
常规	0.98	0.94	0.96	111246
侦察	0.94	0.65	0.77	2075
Shell 代码	0.74	0.06	0.12	223
蠕虫	0.00	0.00	0.00	24
宏平均值	0.57	0.47	0.48	35069
加权平均值	0.80	0.76	0.77	35069

正如预期，随机森林集合分类器的性能优于 AdaBoost。然而，精确率并没有提高多少，而且代表性较低的类别性能仍然很低。

5. 半监督标签传播

在部署有监督学习模型时，模型的精确率显著降低。从随机森林和 AdaBoost 的混淆矩阵可以明显看出，最受影响的类别是"分析""后门""漏洞代码"和"蠕虫"。这四类在两种监督分类器中都取得了最差的结果。这是由于类别不平衡造成的。

同监督分类器和非监督分类器相比，半监督分类器具有显著优势。然而，在无监督学习的情况下，很难指导训练。由于真实世界的数据没有预先标记，因此监督学习的标记任务本身非常耗时。这使得基于新数据的模型再训练非常困难。半监督学习使用一些标签来开始训练过程，并且只需要部分标记的数据。因此，它为现实世界的应用程序提供了一个很好的选择替代方案。

结果最差的四个类别被重新归类为一个称为"其他"类，以提高训练精确率。所有识别为"其他"类别的数据随后被输入到另一个分类器中。表 4.6 显示了第一层模型混淆矩阵，第二层模型见表 4.7。

第一层和第二层模型的精确率分别为 77% 和 61%。然而，学习能力的提高，尤其是第二层模型，是非常显著的。

一方面，在 AdaBoost 分类器中，"后门""漏洞代码"和"蠕虫"的准确度、召回率和 F1 值均为 0.00。"分析"类的分值很小。相比之下，随机森林至少有一些"后门"和"漏洞代码"值。然而，即使是随机森林也未能使"蠕虫"的混淆矩阵得分达到 0 以上。两个模型都将一些测试包分配给了"蠕虫"，但是没有一个模型能够精确地对其中一个进行分类。

另一方面，混淆矩阵的大小更适合"分析""后门"和"漏洞代码"，而"蠕虫"的分类精确率为 89%，召回率为 79%，F1 值为 0.84。这种改进是显著的，证明了这种方法的优点。表 4.8 给出了建议模型和监督学习模型的精确率分析。

表 4.6 标签传播第一层模型的混淆矩阵

标签	准确度	召回率	f1 值	支持
其他	0.30	0.06	0.10	1503
磁盘操作系统	0.35	0.19	0.24	3679
利用	0.60	0.79	0.68	10018
模糊器	0.52	0.69	0.60	5455
一般	0.93	0.98	0.96	12000
常规	0.94	0.93	0.94	16800
侦察	0.71	0.13	0.22	3148
宏平均值	0.62	0.54	0.53	52603
加权平均值	0.76	0.77	0.74	52603

表 4.7 标签传播第二层模型的混淆矩阵

标签	准确度	召回率	f1 值	支持
分析	0.56	0.65	0.60	600
后门	0.49	0.42	0.45	524
漏洞代码	0.85	0.82	0.84	340
蠕虫	0.89	0.79	0.84	39
宏平均值	0.70	0.67	0.68	1503
加权平均值	0.61	0.61	0.61	1503

表 4.8 监督学习技术与两层标签传播模型比较

算法	精确率	召回率
随机森林	76%	57%
AdaBoost 算法	73%	38%
标签传播（拟议）	77%	62%

4.5 讨论和未来工作

通常而言，加密网络流量分析数据集中的数据高度不平衡，进而要求开发极其复杂的系统和昂贵的神经网络来获取更高准确度。然而，这并非必须的，特别是如果机器学习模型系统可以实现类似的结果。

用于这项研究的数据是高度不平衡的，大多偏向非攻击数据包。这些数据包极少数含有"蠕虫"或"漏洞代码"。不幸的是，这样会导致传统机器学习技术的精确率较低。对于非频繁攻击也没有进行有效的分类。此外，与许多流行的数据集不同，目标数据相对于非攻击数据而言没有出现40%或更严重的失衡。因此，无监督模型不能作为零日漏洞分类器或离群值分析模型。采用特征分析来选择一些高度有价值的特征，并利用预处理来去除一些特征中的严重偏态。这也减少了开销，并改进了分类结果。

本章讨论模型的局限性揭示了主要问题是由于数据中的类别不平衡分型产生的。因此，处理某种程度的类别不平衡有望改善分类器的结果。为此，半监督分类器采用两层实现，将频次较低攻击合并为一个类，称为第一层的"其他"。这使得每一次攻击频次较低的混淆矩阵得分都有所提高。然而，最显著的改进实际上是在频次最低的"蠕虫"攻击中，随机森林和AdaBoost分类器根本无法正确分类。因此，本章提出的半监督方法对标记频次较低的攻击也具有更高的精确率。

本研究为未来这项工作的研究提供了多种手段。通过将分类阶段分为两个独立的模型，分类结果得到了改善，这已被证明非常有效。此外，还分析了两层方法，以提高 K-均值的精确率，从而绕过了人工标注的必要性。此外，需要研究使用两层模型进行零日漏洞攻击分析。最后，计划在其他加密分析数据集上测试本文的发现，以确认这些研究结果在不同的数据集之间是可重复的。

4.6 结论

总之，要创建精确的模型，需要对数据特征进行全面理解。虽然监督模型是通常使用的，但是它们需要额外的工作来手动标记所有的训练数据。同样，无监督模型也是无指导模型，可能无法准确表示不平衡数据。为此，半监督模型可以用于在无监督模型训练的易用性和对监督模型训练的控制之间建立一种平衡。此外，在监督环境下对数据和建模效果的全面分析，有助于理解为什么没有达到预期结果；在本文提出的模型中，将标签传播模型分成两层，允许更高的准确度和对低频次攻击（如蠕虫、漏洞代码和后门）的召回。

致谢

本章的研究是在促进学术和研究合作计划（SPARC）拨款 SPARC/2018 2019/P616/SL "加密网络流量的智能异常检测系统"的支持下进行的。

参考文献

[1] Feghhi, S., & Leith, D.J. (2016). A web traffic analysis attack using only timing information. IEEE Transactions on Information Forensics and Security, 11(8), 1747−1759.

[2] Shen, M., Liu, Y., Zhu, L., Xu, K., Du, X., & Guizani, N. (2020). Optimizing feature selection for efficient encrypted traffic classification: A systematic approach. IEEE Network, 34(4), 20−27.

[3] Barut, O., Grohotolski, M., DiLeo, C., Luo, Y., Li, P., & Zhang, T. (2020, December). Machine learning based malware detection on encrypted traffic: A comprehensive performance study. In Proceedings of the 7th International Conference on Networking, Systems and Security (pp. 45−55).

[4] Cai, X., Nithyanand, R., Wang, T., Johnson, R., & Goldberg, I. (2014, November). A systematic approach to developing and evaluating website fingerprinting defenses. In Proceedings of the 2014 ACM SIGSAC Conference on Computer and Communications Security (pp. 227−238).

[5] Cherubin, G., Hayes, J., & Juárez, M. (2017). Website fingerprinting defenses at the application layer. Proceedings on Privacy Enhancing Technologies, 2017(2), 186−203.

[6] Leroux, S., Bohez, S., Maenhaut, P. J., Meheus, N., Simoens, P., & Dhoedt, B. (2018, April). Fingerprinting encrypted network traffic types using machine learning. In Proceedings of the NOMS 2018-2018 IEEE/IFIP Network Operations and Management Symposium (pp. 1−5). IEEE.

[7] Limthong, K., & Tawsook, T. (2012, April). Network traffic anomaly detection using machine learning approaches. In Proceedings of the 2012 IEEE Network Operations and Management Symposium (pp. 542−545). IEEE.

[8] Moustafa, N., & Slay, J. (2015, November). UNSW-NB15: A comprehensive data set for network intrusion detection systems (UNSW-NB15 network data set). In Proceedings of the 2015 Military Communications and Information Systems Conference (MilCIS) (pp. 1−6). IEEE.

[9] Moustafa, N., & Slay, J. (2016). The evaluation of network anomaly detection systems: Statistical analysis of the UNSW-NB15 data set and the comparison with the KDD99 data set. Information Security Journal: A Global Perspective, 25(1-3), 18−31.

[10] Akbari, I., Salahuddin, M.A., Ven, L., Limam, N., Boutaba, R., Mathieu, B., Moteau, S., & Tuffin, S. (2021). A look behind the curtain: Traffic

classification in an increasingly encrypted web. Proceedings of the ACM on Measurement and Analysis of Computing Systems, 5(1), 1−26.

[11] Perera, P., Tian, Y.C., Fidge, C., & Kelly, W. (2017, November). A comparison of supervised machine learning algorithms for classification of communications network traffic. In Proceedings of the International Conference on Neural Information Processing (pp. 445−454). Springer, Cham.

[12] Velan, P., Čermák, M., Čeleda, P., & Drašar, M. (2015). A survey of methods for encrypted traffic classification and analysis. International Journal of Network Management, 25(5), 355−374.

[13] Cherukuri, A.K., Ikram, S.T., Li, G., Liu, X., Das, V., and Raj, A. (2021). Integrity of IoT network flow records in encrypted traffic analytics. Security and Privacy in the Internet of Things: Architectures, Techniques, and Applications, 177−205.

[14] Jha, H., Patel, I., Li, G., Cherukuri, A.K., and Ikram, S.T. (2021). Detection of tunneling in DNS over HTTPS. In Proceedings of the 2021 7th International Conference on Signal Processing and Communication (ICSC) (pp. 42−47). IEEE.

[15] Ikram, S.T., Cherukuri, A.K., Poorva, B., Ushasree, P.S., Zhang, Y., Liu, X., and Li, G. (2021). Anomaly detection using XGBoost ensemble of deep neural network models. Cybernetics and Information Technologies, 21(3), 175−188.

第 5 章 用于识别恶意软件属性的安卓应用程序剖析和分析工具对比分析

Swapna Augustine Nikale，Seema Purohit
印度孟买大学计算机科学系
电子邮箱：swapna.nikale@gmail.com; supurohit@gmail.com

摘要

安卓操作系统是最受欢迎的手机操作系统之一。由于其流行性和开源性，安卓系统吸引了许多恶意软件开发者。他们利用安卓移动应用程序作为一种媒介，来破坏用户和设备的安全。恶意软件开发者完成的应用程序，会造成信息泄露、权限提升和数据被盗。要识别安卓软件并实现自动检测任务，应从安卓应用程序中提取恶意软件的属性。本章介绍并演示用于剖析安卓应用程序和分析各种安卓应用程序组件中恶意软件属性的工具。本章还讨论可从安卓应用程序包中获取的恶意软件信息。在众多安卓应用程序剖析和恶意软件属性分析工具中，Androguard 凭借其多项优势成为最突出的工具之一。

关键词：安卓移动应用程序，安卓恶意软件检测，安卓应用程序解剖，安卓应用程序包，Androguard，安卓恶意软件分析工具

5.1 引言

安卓是领先的移动操作系统之一，得到众多手机用户和设备开发商的普遍认可。目前，安卓已用于移动设备以及各种设备，例如智能电视、平板电脑、智能手表、智能眼镜等。安卓操作系统的源代码由谷歌开源项目（AOSP）提供[1]。安卓内核建立在 Linux 内核的长期支持分支之上[2]。

谷歌开发的安卓操作系统在 2019 年用户就达到了 16 亿，相较 2012 年增长了 200%[3]。截至 2021 年 6 月，安卓占据并保持全球领先移动操作系统的地位，市场份额高达 73%[4]。

截至 2021 年 7 月，安卓的官方应用商店谷歌 Play Store 拥有 289 万个应用程序（APP），早在 2013 年 7 月其应用程序数量超过 100 万个[5]。

安卓移动设备的广泛应用吸引了犯罪分子，他们通过各种恶意软件、漏洞或

攻击进行破坏。截至 2020 年 3 月，安卓系统每月约新增 50 万个恶意软件样本[6]。这些统计数据表明在安卓移动应用程序中识别安卓恶意软件的重要性，这确保了安卓组织的安全性和信任度。

恶意软件是一种软件，攻击者利用恶意软件对某个受信任系统进行攻击，获取敏感信息并将其泄露，或者破坏受信任系统的服务。安卓的第一个恶意软件 DroidSMS 于 2010 年 8 月出现，其破坏范围有限，仅针对某些应用程序组件或仅在特定事件才触发。当前安卓恶意软件版本非常隐秘和智能，可以在一定程度上绕过检测机制，并且每当其旧签名行为被签名检测系统识别时，它就会更改为新行为。它还可以自我复制，识别模拟器的存在，并采取行动以避免被检测。

5.2 相关工作和当前贡献

先前的研究主要集中在直接展示用于恶意软件分析的工具，而没有明确说明其工作范围。参考文献 [7] 介绍了一些工具，例如 APKTool、Dex2jar、JDGUI、VirusTotal 和 Genymotion。Pan 等人[8]讨论了最受欢迎的 APKTool 安卓应用程序分析工具。Rashid 等人[9]讨论了 Androguard 和 CuckooDroid 在安卓恶意软件分析中的用法。参考文献 [10] 对 APKTool、Androguard、FlowDroid、Android Tamer 和 DroidBox 等一些工具进行了非常简洁的介绍。Garg 等人[11]对安卓安全评估进行了详尽的描述，涉及恶意软件分类、分析技术、代码表示和一些突出的特定工具。Faruki 等人[12]集中介绍了一些在实验环境中部署的恶意软件分析工具。

为了正确选择工具，就必须对恶意软件剖析和分析工具进行工作演示和批判性比较分析。每种工具都有其独特的功能，可适合特定的恶意软件剖析和分析阶段。

本章对恶意软件剖析和分析工具进行了清晰的演示和比较分析，这将有助于安卓恶意软件安全研究人员在给定的实例和实验环境中选择最佳工具。以下几节内容如下：5.3 节讨论了安卓操作系统的背景和基本概念；5.4 节阐述了安卓应用程序恶意软件属性及其剖析过程；5.5 节演示了安卓应用程序剖析和恶意软件分析工具；5.6 节为结论和未来工作。

5.3 安卓操作系统背景和基本概念

5.3.1 安卓操作系统架构

安卓操作系统[13]是一款基于 Linux 内核的开源操作系统。几十年来，Linux 内核经过众多开发人员和用户的反复测试，使其成为最安全、最耐用的内核系统之一。它的一些主要安全功能如下：
- 基于权限的模型；
- 进程隔离；

- 安全可靠的进程间通信（IPC）；
- 删除潜在有害和不安全的内核组件。

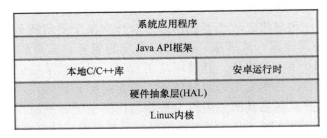

图 5.1　安卓操作系统架构

如图 5.1 所示，安卓操作系统的主要组件包括：

（1）**Linux 内核**：Linux 内核[14]是许多安全敏感系统最值得信赖和可接受的计算基础。它为应用程序创建了一个沙盒环境；因此，一个应用程序不会干扰或更改另一个应用程序的操作和内容。应用程序开发人员要访问另一个应用程序的信息，须申请适当的权限。通过安全增强型 Linux（SELinux），安卓可应用访问控制策略并建立强制访问控制（MAC）。

（2）**硬件抽象层（HAL）**：HAL 由多个库组成，这些库为每种特定类型的硬件组件（例如传声器、摄像头、蓝牙等）提供接口。当应用程序编程接口（API）框架请求访问硬件时，会加载相应的库模块以协助使用。

（3）**安卓运行时（ART）**：每个应用程序进程在 ART 上都有自己的实例。它还通过执行专为安卓设计的字节码格式 DEX 文件来帮助在资源受限的设备中运行多个虚拟内存。ART 的一些显著特点如下[15]：

- 提前（AOT）编译；
- 改进杂乱信息收集；
- 改进的应用程序开发和调试；
- 改进的异常和崩溃报告中的诊断细节。

（4）**本地 C/C++ 库**：安卓系统的一些核心组件（例如 HAL 和 ART）需要用 C/C++ 编写的本机库才能执行。

（5）**Java API 框架**：Java API 是创建安卓应用程序的基础组件。它通过代码重用、模块化等方式帮助简化编码。安卓操作系统中的整套 API 都是用 Java 语言编写的。

（6）**系统应用程序**：安卓应用程序代表用户界面（UI），用户可以通过它执行任何任务并与操作系统交互。安卓应用程序可以是安装的应用程序（来自受信任的应用程序商店或第三方应用程序商店），也可以是核心应用程序（由硬件制造商或安卓操作系统开发人员默认安装）。

5.3.2 安卓应用程序基础 [16]

安卓应用程序（APP）是专为在安卓设备或任何模拟器上运行而设计的软件。安卓应用程序可以用 Java、Kotlin 或 C++ 语言编写。安卓应用程序包（APK）是一个压缩包，其中包含安卓应用程序在运行时所需的文件。

安卓应用程序存放在安全沙盒中。因此，应用程序之间不会发生任何不受信任或未经授权的数据访问。下面列出了安卓应用程序的一些安全功能 [17]：

（1）在安卓操作系统中，每个应用程序都被视为不同的用户。

（2）每个应用程序都有自己的 Linux 进程，该进程在应用程序组件执行时创建，在应用程序不再需要时终止。

（3）由于安卓的"最小权限原则"，安卓应用程序只能访问其执行的必要组件。应用程序之间共享数据的任何必要性，都必须满足以下两种情况之一：

- 使用相同证书签名且来自同一开发人员的应用程序，可以分配使用相同的用户 ID，并在相同的 Linux 进程 ID 上运行，以节省资源。
- 如果应用程序没有共享相同的证书（大多数情况下），它可以请求访问与该设备或应用程序相关的用户敏感信息的权限，并获得用户的明确授权。

某些安卓应用组件是开发安卓应用程序所必需的，如下所示：

（1）**活动**：这是与用户交互的入口点。它代表具有用户界面的单一屏幕。例如，闹钟应用程序可能有一个活动用于创建闹钟，另一个活动用于删除闹钟。

（2）**服务**：这是一个通用入口点，可协助应用程序在后台运行，以便长时间运行操作或任何远程进程；例如，在后台保持音乐播放、接收闹钟或其他应用程序通知。它不提供用户界面。

（3）**广播接收器**：这是一个组件，使系统能够向当前不活跃的应用传递事件。例如，当设备未使用、电池电量低或没有向用户或应用发送后台通知时，屏幕会关闭。

（4）**内容提供程序**：它管理存储在文件系统、SQLite 数据库、Web 或任何其他持久存储位置中共享应用数据集。通过内容提供程序的帮助，其他应用只有在获得内容提供程序授权的情况下才可以访问、查询和修改数据。

5.4 安卓应用程序恶意软件属性及剖析流程

5.4.1 安卓应用程序恶意软件属性

下面列出了参考文献 [9，12，18] 中 APK 文件（如图 5.2 所示）观察到的一些恶意软件属性。

（1）assets/：它包括应用程序中的文本、XML、字体、音乐和视频等文件，并允许访问原始或未经处理的数据。该目录存储了一些 .dex 文件或动态加载期间执行的任何其他有效加载文件。

（2）lib/：包含已编译代码和多个子目录，每个子目录都适用于特定平台类型。lib 目录显示了在执行应用程序期间加载的自定义库和恶意库出现的一些可能性。

下面列出了此目录中包含的其他文件：

- MANIFEST.MF：这是一个文本文件，包含了 APK 中所有文件的 base 64 编码的 SHA-1 哈希值；
- CERT.SF：MANIFEST.MF 文件中相应行的 base 64 编码 SHA-1 哈希值；
- CERT.RSA：包含应用程序开发者的公共签名，用于验证内容。

图 5.2　安卓应用包

（3）res/：此目录包含应用程序可以使用 resource_ID 访问的一些非编译资源。所有 resource_ID 均在项目的"R"类中定义。由于 res 目录存储了一些非编译资源，因此恶意加载程序可能会在动态加载期间被隐藏和上传。

（4）AndroidManifest.xml：它包含有关应用程序的基本信息，如入口点、包名称、组件、权限、最低级安卓 API、库、意图等。由于入口点众多，可能会开发后门，导致其他一些恶意应用程序进入。应用程序请求的权限升级、黑名单软件包名称、活动和服务行为都可以从此文件获取，这有助于了解应用程序的原始意图。可以从该文件中获得最大数量的静态恶意软件属性。

（5）classes.dex：它包含 DEX 格式的 .java/.class 文件，有助于简要了解应用程序的实际意图。它有时也有助于生成恶意软件签名信息，并在极少数情况下用于发现混淆事件。

（6）resources.arsc：它包含编译的资源、语言字符串、样式、布局文件、图像以及未链接到 resources.arsc 的内容路径。此文件可能包含动态执行期间加载的一些恶意程序。自然语言处理技术也可以应用于语言字符串，以提取应用程序中类似恶意软件的行为。

5.4.2 安卓应用程序恶意软件剖析

从安卓应用程序包（APK）中分离出不同文件组件的过程称为安卓应用程序剖析。这被视为分析安卓应用中存在恶意软件的第一步[19]。安卓应用程序剖析过程包括以下三个主要过程[20]。

（1）**解压缩 APK**：APK 是一种压缩文件格式，包含执行应用程序所需的几个文件。为了分析安卓应用程序是否存在恶意软件属性，必须对其进行解压缩，以便获取和分析各个文件组件，如图 5.3 所示。可以使用 Unzip、7zip 和 APKTool 等工具来解压缩 APK[12]。

（2）**反编译 .dex/.java 文件**：APK 文件解压后，其 classes.dex 文件就会显示出来。.dex 文件可以进一步反编译，以获得多个 .jar、.class 或 .java 文件，如图 5.4 所示。可使用诸如 Jadx、JDGUI、Smali/Backsmali、Dex2Jar、Enjarify 和 Dedexer 等工具进行反编译 .dex 文件、解译 .java 文件和 .smali 文件、将 .dex 文件转换为 .jar 文件以及从 .jar 文件中访问多个 .class 文件[21]。

（3）**分析其他 APK 组件**：其他 APK 组件（例如 AndroidManifest.xml、META-INF、lib/、resources.arsc、res/ 和 assets/，如图 5.5 所示）也可用于分析是否存在恶意软件痕迹。安卓恶意软件分析中最常用的组件是 AndroidManifest.xml。由于安卓是基于权限模型构建的，因此 AndroidManifest.xml 文件包含应用程序执行所需的权限。此属性有助于获取有关恶意软件行为的大量信息。可以用自然语言处理（NLP）分析 res 目录中的字符串，以获取与恶意软件相关的文本，例如 LOTTERY、VIRUS、ALERT 等。META-INF 中的开发者签名可用于检查它是否属于以前恶意软件传播历史中的黑名单开发人员，有时也用于识别是否存在恶意软件系列或其他恶意软件变种。其他组件如 assets/、lib/ 和 resources.arsc 将包含一些动态加载程序的痕迹。

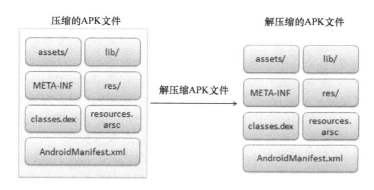

图 5.3　解压 APK

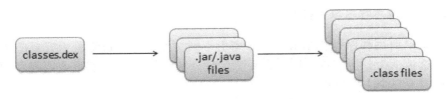

图 5.4　反编译 .dex/.java 文件

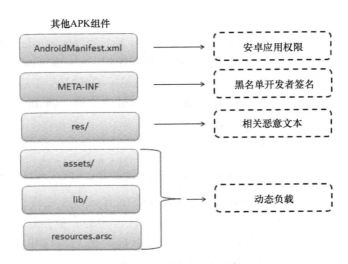

图 5.5　其他 APK 组件

5.5　安卓应用程序剖析和恶意软件分析工具

下面利用来自 DREBIN 数据集[22]的一个恶意软件样本，详细演示如何使用某些工具来进行安卓应用程序剖析和安卓恶意软件属性识别。

（1）**Unzip/7zip**：基础解压工具，用于解压安卓 APK 文件，如图 5.6 所示，解压后得到 assets/、META-INF、res/、AndroidManifest.xml、classes.dex、resources.arsc 等安卓组件，需要注意的是，没有得到可读格式的 AndroidManifest.xml。

（2）**APKTool**：APKTool[23]是一种常用的解压工具，用于解压安卓 APK，并以更可读的格式提供所有安卓组件，如图 5.7 所示。值得注意的是，AndroidManifest.xml 是可读格式，并以 .smali 格式表示 Dalvik 字节码。

（3）**Jadx**：此工具[24]有助于将 .dex 文件反编译为 .java。它可以从安卓 APK 或 Androidclasses.dex 文件中生成源代码。它还可以解码 AndroidManifest.xml 以及其他来自 resources.arsc 的资源。图 5.8 使用 PocketMine APK 演示了 Jadx[25]。

图 5.6　解压

图 5.7　APKTool

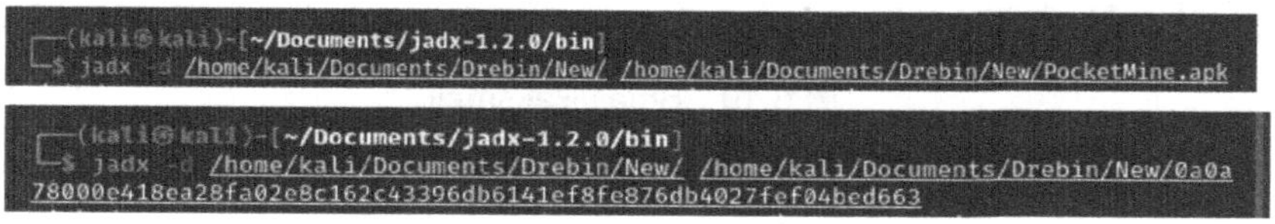

图 5.8　Jadx

图 5.9　JD-GUI

（4）Java 反编译器图形用户界面（JD-GUI）：此工具[26]只能解译 .java 文件，如图 5.9 所示。因此，它应与其他 DEX 反编译工具结合使用。需要注意的是，使用 APKTool 解压缩 APK 文件时会生成 .smali 文件，而这些文件无法使用 JD-GUI

进行分析。使用 Unzip 解压缩 APK 后获得的 classes.dex 文件也不支持通过 JD-GUI 进行分析。为便于分析，classes.dex 文件使用 dedexing 程序转换为多个 .java 文件。

（5）Smali/Baksmali：Smali 和 Baksmali[27] 是分别执行汇编和反汇编任务的组合工具，如图 5.10 所示。Smali 可以将多个 .smali 文件汇编为 classes.dex 格式，而 Baksmali 可以将应用程序的 classes.dex 反汇编为多个 .smali 文件片段。.smali 文件的 Java 源代码是可读的。

（6）Dex2Jar：此工具[28] 可将 classes.dex 文件转换为 .jar 文件，如图 5.11 所示。.jar 文件可以通过提取获得一个可读的 .class 文件。

（7）Enjarify：此工具[29] 有助于将 Dalvik 字节码（.dex）或安卓应用程序包（.apk）转换为 Java 字节码（.jar），如图 5.12 所示。通过访问 .jar 文件，可以访问与 APK 相关的所有 .class 文件。

图 5.10 Smali/Baksmali

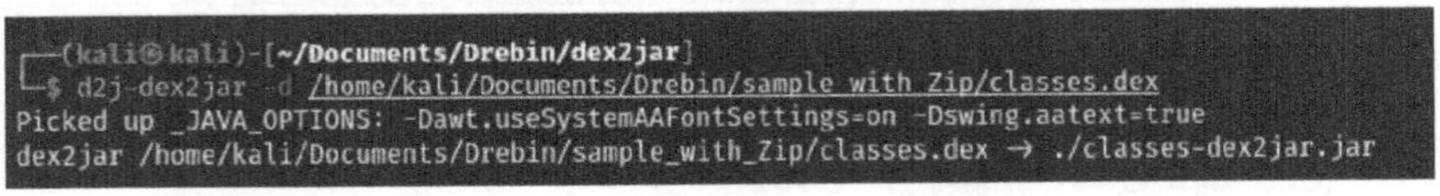

图 5.11 Dex2Jar

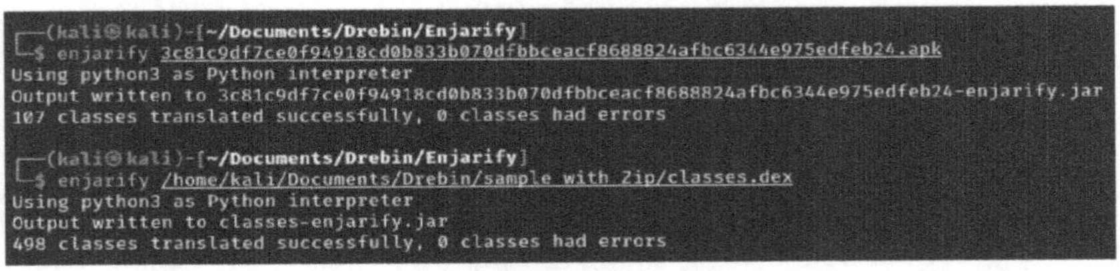

图 5.12 Enjarify

（8）Dedexer：Dedexer[30] 是一款反汇编工具，如图 5.13 所示，可以读取 .dex 文件并将其转换为"类似汇编的格式"，这在很大程度上受到 Jasmin 语法的影响，但包含 Dalvik 操作码。值得注意的是，classes.dex 文件的内容是可读的。

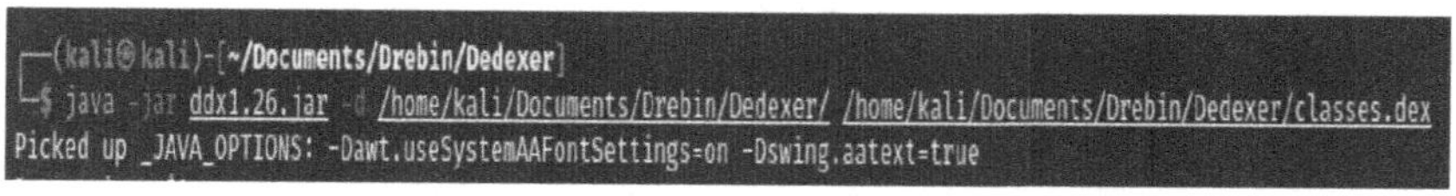

第 5 章　用于识别恶意软件属性的安卓应用程序剖析和分析工具对比分析 | 75

图 5.13　Dedexer

（9）BytecodeViewer：此工具[31]专门用于直接查看 APK 或其他格式的文件（如 .jar、.zip、.class、.dex 等）的源代码。它还可以在一个屏幕上同时使用三种不同的编译器查看源代码。这有助于在至少三个不同的反编译器中比较反编译格式的源代码。此工具还允许使用类名、方法名、字符串、函数名等搜索词索引到源代码的不同部分。图 5.14 显示了 JD-GUI、Fernflower 和 Smali 反编译器的输出结果。

图 5.14　BytecodeViewer

（10）**安卓 SDK**[32]：这是谷歌公司专门为安卓发布的软件开发工具包，如图 5.15 所示，旨在开发 APK 和分析 APK 文件。使用该工具可以分析 APK 的所有组件。

图 5.15　安卓 SDK

（11）Androguard[33]：这是一个基于 Python 的工具，用于分析安卓文件，如图 5.16 所示。在所有讨论和演示过的工具中，Androguard 被认为是最可行最方便用户使用的工具[9]。它唯一的限制是只能使用 Python 3。Androguard 是一款反汇编器和反编译器工具，可以处理 APK 或 classes.dex 文件。它包含用于分析 APK 信息的命令，如权限、活动、软件包名称、应用程序名称、应用程序图标路径、数字版本、版本字符串、最小、最大、目标和 SDK 版本、解码的 XML 等信息，以及访问应用程序的每个类。该工具的另一个优点是，在分析并返回大型 APK 文件时，可以使用会话保存当前工作。Jadx 也嵌入了 Androguard，它可以帮助反编译 .dex 文件。通过 Androguard 还可以批量分析 APK。

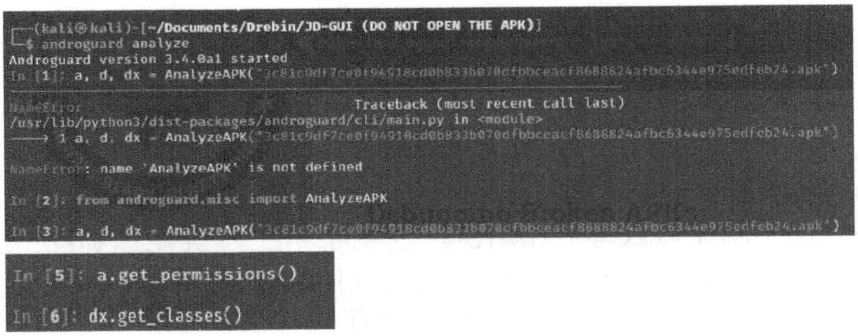

图 5.16 Androguard

作者对所讨论的工具进行了比较研究，结果见表 5.1，这将有助于安卓恶意软件反向工程师根据要执行的任务和特定情况下可用的文件选择最佳工具。值得注意的是，基于 Python 的 Androguard 工具可使用 Python 脚本协助自动提取恶意软件属性，并可处理安卓 APK 的所有文件。因此，与安卓 SDK 相比，它可能是首选工具。

表 5.1 安卓 APK 解析与恶意软件属性分析对比

工具	行为			访问安卓 APK 文件					
	解压 APK	反编译 DEX	分析 APK 组件	Android-Manifest.xml	assets/	lib/	META-INF	res/	resources.ar	scclasses.dex
Unzip/7zip	√			√	√	√	√	√	√	√
APKTool	√			√	√	√		√		√
Jadx	√	√	√(仅 .dex)	√						√
JD-GUI			√(仅 .java)							√
Smali/Baksmali		√	√(仅 .dex)							√
Dex2Jar		√	√(仅 .dex)							
Enjarify		√	√(仅 .dex)							
Dedexer		√	√(仅 .dex)							
Bytecode-Viewer	√		√(仅 .java)							√
安卓 SDK	√		√	√	√	√	√	√	√	
Androguard	√	√	√	√	√	√	√	√		

5.6 结论和未来工作

比较研究将有助于安卓恶意软件反向工程师根据要执行的任务和特定情况下可用的文件选择最佳工具。请注意，基于 Python 的工具 Androguard 可以使用

Python 脚本协助自动提取恶意软件属性，并可处理安卓 APK 的所有文件。因此，与安卓 SDK 相比，它可能是更受欢迎的工具。由于安卓系统的开源性和用户广泛性，使得恶意软件开发者将目标锁定在安卓系统上。要了解和自动检测安卓应用程序中的恶意软件，必须提取和分析各种恶意软件属性。市场上有多种工具可用于此目的。值得注意的是，Androguard 可精确收集安卓恶意软件属性，并分析大多数安卓组件，这有助于恶意软件研究人员收集各种恶意软件属性。由于每种工具执行任务的方式不同，创建的输出文件格式也不同，因此未来为此类工具提供一个通用平台将大有裨益。

参考文献

[1] "Android Open Source Project." https://source.android.com/.
[2] "Android Common Kernels." https://source.android.com/devices/architecture/kernel/android-common.
[3] "Population of internet users worldwide from 2012 to 2019, by operating system." https://www.statista.com/statistics/543185/worldwide-internet-connected-operating-system-population/.
[4] "Mobile operating systems' market share worldwide from January 2012 to June 2021." https://www.statista.com/statistics/272698/global-market-share-held-by-mobile-operating-systems-since-2009/.
[5] "Number of available applications in the Google Play Store from December 2009 to July 2021." https://www.statista.com/statistics/266210/number-of-available-applications-in-the-google-play-store/.
[6] "Development of new Android malware worldwide from June 2016 to March 2020." https://www.statista.com/statistics/680705/global-android-malware-volume.
[7] D. Mugisha, "Android application malware analysis," p. 29.
[8] Y. Pan, X. Ge, C. Fang, and Y. Fan, "A systematic literature review of Android malware detection using static analysis," IEEE Access, vol. 8, pp. 116363–116379, 2020, doi: 10.1109/ACCESS.2020.3002842.
[9] W. Rashid, D. N. Gruschka, F. Kiel, L. Bernhard, and Q. GmbH, "Automatic Android malware analysis," p. 58.
[10] C. Negi, P. Mishra, P. Chaudhary, and H. Vardhan, "A review and case study on Android malware: Threat model, attacks, techniques and tools," Journal of Cyber Security and Mobility, Mar. 2021, doi: 10.13052/jcsm2245-1439.1018.
[11] S. Garg and N. Baliyan, "Android security assessment: A review, taxonomy and research gap study," Computers & Security, vol. 100, Jan. 2021, Art. no. 102087, doi: 10.1016/j.cose.2020.102087.
[12] P. Faruki et al., "Android security: A survey of issues, malware penetration, and defenses," IEEE Communications Surveys & Tutorials, vol. 17, no. 2, pp. 998–1022, 2015, doi: 10.1109/COMST.2014.2386139.

[13] "Platform architecture." https://developer.android.com/guide/platform.
[14] "System and kernel security." https://source.android.com/security/overview/kernel-security#linux-security.
[15] "Android runtime (ART) and Dalvik." https://source.android.com/devices/tech/dalvik#features.
[16] "Application fundamentals." https://developer.android.com/guide/components/fundamentals.
[17] R. Mayrhofer, J. V. Stoep, C. Brubaker, and N. Kralevich, "The Android platform security model," ArXiv190405572 Cs, Dec. 2020, Accessed: Sep. 26, 2021. [Online]. Available: http://arxiv.org/abs/1904.05572.
[18] Z. Wang, Q. Liu, and Y. Chi, "Review of Android malware detection based on deep learning," IEEE Access, vol. 8, pp. 181102–181126, 2020, doi: 10.1109/ACCESS.2020.3028370.
[19] Y. Zhou and X. Jiang, "Dissecting Android malware: Characterization and evolution," in 2012 IEEE Symposium on Security and Privacy, San Francisco, CA, USA, May 2012, pp. 95–109. doi: 10.1109/SP.2012.16.
[20] W. Wang et al., "Constructing features for detecting android malicious applications: Issues, taxonomy and directions," IEEE Access, vol. 7, pp. 67602–67631, 2019, doi: 10.1109/ACCESS.2019.2918139.
[21] S. Hutchinson and C. Varol, "A survey of privilege escalation detection in Android," in 2018 9th IEEE Annual Ubiquitous Computing, Electronics & Mobile Communication Conference (UEMCON), New York City, NY, USA, Nov. 2018, pp. 726–731. doi: 10.1109/UEMCON.2018.8796550.
[22] D. Arp, M. Spreitzenbarth, M. Hübner, H. Gascon, and K. Rieck, "Drebin: Effective and explainable detection of Android malware in your pocket," presented at the Network and Distributed System Security Symposium, San Diego, CA, USA, 2014. doi: 10.14722/ndss.2014.23247.
[23] "APKTool." https://ibotpeaches.github.io/Apktool/.
[24] "Jadx." https://github.com/skylot/jadx.
[25] "PocketMine." https://m.apkpure.com/pocket-mine-2/ca.roofdog.pm2.
[26] "JD-GUI." https://github.com/java-decompiler/jd-gui.
[27] "Smali/Baksmali." https://github.com/JesusFreke/smali.
[28] "Dex2Jar." https://github.com/pxb1988/dex2jar.
[29] "Enjarify." https://github.com/google/enjarify.
[30] "Dedexer." https://sourceforge.net/projects/dedexer/.
[31] "BytecodeViewer." https://github.com/Konloch/bytecode-viewer.
[32] "Android SDK." https://developer.android.com/studio.
[33] "AndroGuard." https://github.com/androguard/androguard.

第 6 章 对安卓处理意图攻击进行分类的机器学习算法

Pradeep Kumar D.S, Geetha S
印度韦洛尔理工学院计算机科学与工程学院
电子邮箱：pradeepkumarst@gmail.com；geetha.s@vit.ac.in

摘要

安卓应用程序使用 PendingIntent 类将权限暂时委托给其他潜在的应用程序。虽然这种临时授权通过与任何第三方应用程序动态协作，给软件设计带来了灵活性，但当恶意软件获取 PendingIntent 对象时，它也会成为一种威胁。不受保护的公共广播和使用空白的基本意图创建的 PendingIntent 对象存在易受攻击漏洞，恶意软件可利用这些漏洞进行非授权访问，并用授权的 PendingIntent 对象进行权限升级攻击。本章的研究利用机器学习技术进行安全预测，可以帮助网络取证工具识别具体应用程序中存在的动态漏洞。本章介绍了四种对移动应用程序进行静态分析的机器学习辅助方法，包括基于 PendingIntent 标志的使用，以及基于跨应用程序的广播类别。所提出的方法提供了一种更准确的自动静态代码分析和恶意软件检测方法，并有助于减少应用程序安全分析时间。该方法的应用程序分类的 F1 值为 76.6%。

关键词：PendingIntent，意图分析，安卓，信息流控制，权限提升，非授权的意图接收，随机森林，逻辑回归，KNN，J48

6.1 引言

应用程序通过将 PendingIntent（PI）[6] 封装在意图对象（即 WrappingIntent（WI）[27]）中并共享，从而将其拥有的权限委托给其他应用程序。安卓应用程序使用 PI 在各组件间进行动态的活动委托，这种做法可以在同一个应用程序内，也可以跨应用程序。通过使用 PI，创建 PI 的应用程序将其所有权限授予接收方应用程序，包括其获得的权限及其身份。PI 是组件之间共享权限的临时中转站，一旦接收方应用程序执行了请求的操作，它就会自动失效。因此，PendingIntent 的接收方通过使用发送方的权限和身份，代表发送方开展活动。在安卓系统中，组件间的共享称为组件间通信（Inter-Component Communication, ICC），即在组件间交换意图。在内部，组件间通信可分为隐式或显式通信。在隐式通信中，意图规定一个通用操作而非具体接收组件的名称。操作系统的责任是根据指定的操作识别相匹配的接收方。

另一种方式是使用显式通信，该意图中会明确地指定接收组件的标识。因此，除指定标识以外的其他组件将无法接收该意图。Feizollah 等人[9]对 7406 个应用程序进行研究，发现 91% 的应用程序使用意图进行跨组件通信，其中 28.78% 是隐式意图，71.22% 是显式意图。显式意图通过将通信限制在已知组件，因而比较安全，而隐式意图（又称公开广播）促进了与第三方应用程序进行协作，但它也容易受到恶意软件攻击[16]。

通过隐式意图进行交换的 PendingIntent 容易受到恶意软件攻击，恶意软件（权限比发送方应用程序低的应用程序）只需注册特定的意图行为，就能嗅探到交换的意图。因此，恶意软件应用程序可以利用 PendingIntent 的信息和发送方的权限和身份。本章提出了一种新的机制，通过使用一些著名的人工学习算法，如 K-近邻（KNN）、随机森林、朴素贝叶斯、逻辑回归和 J48 决策树等，通过推断正常和恶意应用程序的各种属性，提出了一种新的识别 PI 攻击的机制。

6.2　威胁模型

默认情况下，安卓系统会授予应用程序最低限度的权限，而读取 GPS 或拨打电话等额外权限，则通过 AndroidManifest.xml 文件发出明确请求后才授予。恶意应用通常请求最低限度的权限，并通过组件间通信与有权限的应用程序进行勾连。恶意应用程序通过注册到相应的广播行为，从而嗅探到通过公共广播交换的 PendingIntents。因此，如果无法通过动态验证接收方的身份来保护公共广播，则可能会导致非授权意图接收（Unauthorized Intent Receipt, UIR）和权限提升（Privilege Escalation, PE）等威胁。

例如，一个事件规划应用程序（例如业务日历）与第三方基于位置的通知应用程序（例如 Flipp）进行交互，可以授权通知活动。因此，当系统无法动态验证发送方/接收方的能力时，就会出现上述安全威胁。

公共广播容易遭受被动窃听或主动拒绝服务攻击[16]。例如，恶意接收方可以注册与正常软件相同的操作和类别，并嗅探公共广播意图，从而形成非授权意图接收攻击。同样，在权限提升（或混淆代理）攻击中，恶意组件会利用正常软件易受攻击的 PendingIntent 广播接口。

如果创建 PI 时没有遵循最佳的编码实践，则很容易受到攻击，如图 6.1 所示。

PI 的行为取决于其在创建时所使用的标志。同样，这些标志决定了 PI 可能遭受的攻击，如下所述，例如：

（1）FLAG_ONE_SHOT 表示 PendingIntent 只能使用一次。恶意软件只需在

正常应用程序之前调用此类 PendingIntent，即可对其实施攻击；因此，正常接收方无法再次使用相同的 PendingIntent。因此，就会在工作流中创建一个非确定性的行为。

（2）在 FLAG_UPDATE_CURRENT 中，PendingIntent 的额外内容可能会被恶意软件修改，导致非预期的工作流序列（可能导致内容污染攻击）。

（3）FLAG_MUTABLE 与内联回复或气泡一起使用，其底层基本意图是可修改的。当恶意软件嗅探到此类 PendingIntent 时，它可以修改基本意图（可能导致内容污染攻击）。

（4）FLAG_CANCEL_CURRENT 和 FLAG_NO_CREATE 是仅在创建时使用的标志，并不指定 PendingIntents 的行为，因此对攻击没有影响（可能导致内容污染攻击）。

（5）FLAG_IMMUTABLE 可提供强大的保护，防止其他接收方的应用程序进行不必要的修改。但是，当恶意应用程序与 PendingIntent 创建/源应用程序共享用户 ID 时，它就可以取消原始 PendingIntent 或重新定位 PI 攻击。

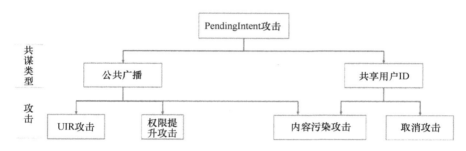

图 6.1　PI 攻击分类

当创建的 PI 通过公共广播进行发送时，可能会出现以下类别的攻击：

（1）如果使用空的基本意图来创建 PI（即，创建的时候没有意图操作或显式目标组件），或者基本意图使用隐式操作而不是显式接收器，则可能会遭受权限提升（PE）攻击。

（2）如果通过不受保护的广播通道交换 PI，则可能导致非授权意图接收（UIR）攻击。使用安卓系统的受保护广播，如 Signature 或 SignatureOrSystem 权限或强制接收方权限[7]，应用程序可以规避非授权意图接收攻击。同样，如果创建 PI 的应用程序和恶意应用程序使用相同的用户 ID（使用安卓系统的 SharedUserId）的话，有相同用户 ID 的恶意软件可以取消 PI。

6.2.1　观察

对 PendingIntent 安全威胁的部分现有研究包括 RAICC[20] 和 PIAnalyzer[27]。RAICC 通过给正确意图添加一个 startActivity() 作为参数的方法，对 PendingIntent

调用（AICC 调用）进行检测，从而将其转换为标准的组件间通信调用，并用 IccTA[21] 和 Amandroid[18] 对这些标准的组件间通信调用做进一步处理，PIAnalyzer 则静态分析 PendingIntent 的漏洞。研究发现，设计一个有强理论基础的应用层可插拔库，有助于开发人员了解应用层面的攻击，如非授权意图接收攻击、权限提升攻击等。同时这也有助于控制与其他应用程序的动态协同，这是目前尚不具备的功能。

6.2.2　研究的意义

本章提出了一种基于实时机器学习的分析模型，该模型可以从 APK 中提取所需的 PendingIntent 信息，并将应用程序分类到预定义的安全类别。该模型分析了以下两个安全特性：

（1）PI 标志分析——从 .apk 文件（安卓系统的应用程序）中，静态提取用于创建 PendingIntent 的标志。

（2）广播分析——该模型可以将组件间通信广播归类为公共和受保护，从而预测应用程序的安全等级。

对针对 PendingIntent 的攻击进行分类，可以帮助安全分析师构建不确定的动态环境，而在这样的环境中，应用程序可能会将权限移交给第三方应用程序，从而可能会破坏预期的安全完整性。为了证明这个机制，作者使用了 Murax，它可以从二进制文件中提取所需的信息，并自动将信息反馈到所提出的机器学习模型。

6.3　数据收集和预处理

PendingIntent 是近些年新兴的一个安全领域，因此缺乏用于训练机器学习模型的标准数据集。这促使作者团队构建一个工具，从可用的安卓系统 APK 基准存储库中提取 PI 信息。数据集创建以及涉及数据清洗的预处理步骤如图 6.2 所示。

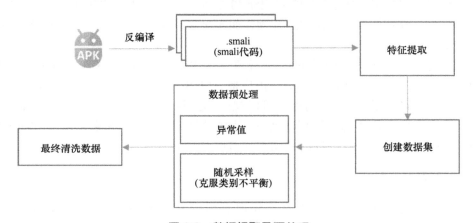

图 6.2　数据提取及预处理

6.3.1 数据集讨论

本节介绍对实际应用程序的 PendingIntent 使用情况的实证研究和发现。

研究中使用了以下数据集：①CICMalDroid-2020 数据集[37]，该数据集收集了 17241 个安卓系统应用程序样本，涵盖五个不同类别：广告软件、银行恶意软件、短信恶意软件、风险软件和正常软件，以及多个来源的大量样本，包括 VirusTotal 服务、Contagio 安全博客、AMD、MalDozer 和最近研究使用的其他数据集；②Drebin 数据集[38]，其包含来自 179 个不同恶意软件家族的 5560 个应用程序；③来自谷歌应用商店的 1121 个应用[39]，应用类别包括生产力、医疗、育儿，安装量超 1000 万。随后从该数据集中提取了以下统计信息：① PendingIntent 标志；②公共广播的使用情况；③ WrappingIntent 的使用情况；④易受攻击的 PendingIntent 创建统计数据（如图 6.3 所示）。

Dataset	#App	#C	#M	#I	#PI	1s	Nc	Cc	Uc	Im	PubBr	VulPI	VulWr	#ProBr	TotBr	%VulPI	%VulWr	%ProBr	%TotVulBr	%TotVulPI
Adware	1514	568168	3261490	96249	11836	43	23	2558	4158	119	1351	4805	6	55	4098	40.60	0.44	1.35	33.21	40.65
SMS	4822	153920	788568	61556	14032	2	1	6094	303	1	6022	7268	0	2	6024	51.80	0.00	0.03	99.97	51.80
Banking	2507	655536	3387150	62551	7037	810	13	578	1762	3	1583	2026	2	103	1686	28.79	0.13	6.11	93.89	28.82
Benign	4038	10161456	45900788	474921	25245	1658	500	3142	10009	67	9758	9472	151	853	10611	37.52	1.67	8.06	91.94	38.17
Riskware	4363	2239942	11482168	124183	12386	818	40	625	5113	8	2752	2248	0	408	3160	18.15	0.00	12.91	87.09	18.15
Drebin	5560	1319375	7084474	166213	15842	349	92	3394	2043	12	3437	6208	77	1	7522	39.19	2.01	0.01	45.69	39.67
Google Play	1123	6280234	25689943	94873	8442	628	423	650	2915	374	1048	2762	8	127	6311	32.72	0.76	2.01	16.61	32.81
TOTAL	23927	21378631	97561581	1080246	94820	4308	1092	17041	26303	571	25949	34789	256	1551	39382	36.69	0.99	3.94	65.89	36.96

NOTE:
- 1s - FLAG_ONE_SHOT
- Cc - FLAG_CANCEL_CURRENT
- Im - FLAG_IMMUTABLE
- PubBr - Public Broadcast
- VulWr - Vulnerable PI Transfer (WrappingIntent)
- %VulWr - Percentage of Vulnerable PI Transfer (WrappingIntent)
- ProBr - Protected Broadcast
- %TotVulBr - Percentage of Total Broadcast Vulnerability
- Nc - FLAG_NO_CREATE
- Uc - FLAG_UPDATE_CURRENT
- PI - PendingIntent
- VulPI - Vulnerable PI Creation
- %TotVulPI - Percentage of Total PI Vulnerability
- %ProBr - Percentage of Protected Broadcast
- C - Class
- I - Intent
- M - Method
- TotBr - Total Broadcast

图 6.3　使用 CICMalDroid-2020、Drebin 和谷歌应用商店数据集进行实证研究

二进制分析：下面介绍本研究中开发的、用于从 .apk 文件中提取 PI 信息的 Murax 工具，其架构如图 6.4 所示。

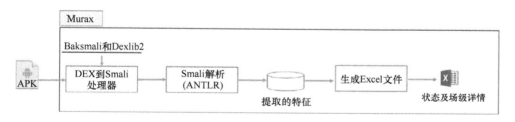

图 6.4　数据提取架构

Murax 先使用诸如 Baksmali[34] 和 Dexlib2[35] 等开源库，将 .dex 文件（Dalvik 可执行文件）转换为 .smali 文件（人类可读的 DEX 二进制代码格式[35]），对 .apk 文件进行预处理。接下来，Smali 解析器（用 ANTLR/Java 编写）对生成的 .smali 文件进行解析，以便提取所需的信息，如 PI 标志、PI 创建和 PI 传输等。最后，用 Excel 生成模块将提取的信息组织为 excel 文件。从数据集中发现的结果如

图 6.3 所示。

解释：图 6.3 展示了对 23922 个应用程序的实证研究结果，即由约 9700 万种方法组成的约 2000 万种类别的集合。在分析中，将 PendingIntent 的漏洞分为两类：① VulPI，即创建 PI 期间的漏洞（即 PI 的基本意图为空或使用公开广播的动作）；② VulWr，即通过公开广播暴露的易受攻击 PI。PI 漏洞百分比的计算公式如下：

$$\% \text{ VulPI} = \frac{\#\text{VulPI}}{\#\text{PI}} \times 100\% \qquad (6.1)$$

$$\% \text{ VulWr} = \frac{\#\text{VulWr}}{\#\text{PubBr}} \times 100\% \qquad (6.2)$$

$$\% \text{ ProBr} = \frac{\#\text{ProBr}}{\#\text{PubBr}} \times 100\% \qquad (6.3)$$

$$\% \text{ 总漏洞} = \% \text{ VulPI} + \% \text{ VulWr} + \% \text{ ProBr} \qquad (6.4)$$

通过数据集，发现了一些有趣的结果：

（1）在参考文献 [37] 中标记为正常的应用程序，存在约 14% 的 PI 漏洞。

（2）谷歌应用商店中，存在约 10% 的 PI 漏洞。

（3）在这个数据集中，不安全 PI 传输和受保护广播的使用情况统计如图 6.5 所示。

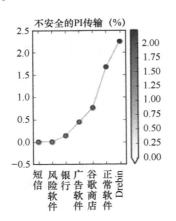 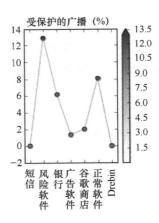

图 6.5 不安全 PI 传输的百分比（越低越好）和受保护的广播（越高越好）

（4）广播和 PendingIntent 的总漏洞百分比统计如图 6.6 所示。

（5）是在 PendingIntent 创建期间，"FLAG_UPDATE_CURRENT" 是使用最频繁的 PI 标志（约 53%），而 "FLAG_IMMUTABLE" 是使用较少的标志（约 1%）。

（6）约 21% 的应用程序存在易受攻击的 PI 传输漏洞（虽然看起来微不足道，但这些漏洞可能会导致应用程序出现不稳定的行为）。

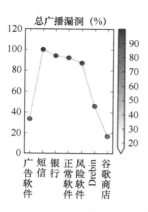 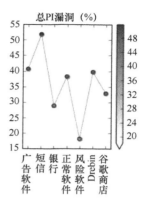

图 6.6　总的广播漏洞及 PI 漏洞（越低越好）

（7）总体而言，约 37% 的应用程序存在 PI 漏洞。

（8）总体而言，约 66% 的应用程序存在广播漏洞（即使用隐式广播而不是受保护或显式广播）。

6.3.2　数据集

该数据集包含 25 个属性和 23277 个样本。每个样本（或记录）描述以下属性：①应用程序中类别和方法的数量（第 1:2 列）；②应用程序中意图和 PendingIntent 的数量（第 3:4 列）；③在创建 PI 期间使用的 PendingIntent 标志（第 5:9 列）；④受保护的广播和广播相关推理的数量（第 10:14 列）；⑤使用的共享用户 ID（shareduid）的数量（第 15 列）；⑥证明意图和 PendingIntent 泄露的合理性（第 16:23 列）；⑦基于 PI 的错误分类（5 种类别）（第 24 列）；⑧最终预期的预测分类（第 25 列）。

数据集片段如图 6.7 所示，其中每个属性值都表示为一个整数。

noOfClz	noOfMeth	noOfInten	noOfPendi	FLAG_ONE	FLAG_NO_	FLAG_CAN	FLAG_UPD	FLAG_IMM	unsafePICr	unsafeBro	unsafePITr	NoOfProte	UnsafePro
187	1087	26	2	0	0	0	0	0	2	0	0	0	0
37	206	13	2	0	0	0	0	0	0	0	0	0	0
176	1038	59	6	0	0	0	0	0	4	0	0	0	0
1087	7045	188	25	0	0	5	19	0	0	0	0	0	0
1314	7203	401	30	0	0	6	10	5	5	15	0	0	0
198	1116	30	2	0	0	0	0	0	2	0	0	0	0
125	934	52	6	0	0	3	0	0	1	3	0	0	0
443	2264	96	30	1	0	0	14	0	2	10	0	0	0
1029	4681	102	6	0	0	4	1	0	0	1	0	0	0
405	2511	55	6	0	0	0	0	0	4	0	0	0	0

图 6.7　数据集片段（展示 10 个样本）

6.3.3　随机过采样和异常值预处理

不平衡的数据集是指类别分布严重偏斜的数据集，例如少数类别与多数类别的数据样本比例为 1:100 或 1:1000。在训练数据集中，这种偏斜会在预测中造成偏差，会完全忽略少数类别，从而影响大部分的机器学习算法。因此，少数类别所携带的信息在学习过程中会被忽略。预处理方法采用特定的随机重采样技术来避免这种不平衡的数据集。有两种常见的技术：①欠采样，删除多数类别的记录，使类别比例变得均衡；②过采样，复制少数类别的记录，从而增加少数类别与多数类别之间的比例。

本章的研究应用了随机过采样技术（一种随机重采样的方法）。随机过采样会复制训练数据集中少数类别的记录并将其添加到原始的训练数据集中。SMOTE是另一种过采样算法，它依赖于最近邻来创建合成的数据[40]。随机过采样和SMOTE的比较如下：

（1）它可能导致某些机器学习模型过拟合；

（2）通过重复原始记录来增加训练数据集的大小，但不会增加训练记录的多样性；

（3）另一方面，使用SMOTE进行过采样会增加训练数据集的大小，同时也会增加少数数据的多样性；

（4）虽然SMOTE能够生成具有多样性的过采样数据集，但当少数样本数等于1（即$n=1$）时，它也有局限性。

由于数据集包含的少数类别很少，并且只有一个样本，无法应用SMOTE。因此结论更倾向于应用随机过采样模型而非SMOTE。

数据集见表6.1。第1列和第3列显示分布不平衡的数据计数。第2列显示数据对应的相对频率。这表明需要过采样技术来平衡训练数据集。

表 6.1 不平衡的数据

数据计数	唯一值的相对频率	分布图
SMS 4784 Benign 4034 Riskware 3897 Banking 2372 Adware 1510 ... Lypro 1 Smspacem 1 TrojanSMS.Boxer.AQ 1 Ansca 1 Loicdos 1 Name: FinalClassLabel, Length: 185, dtype: int64	SMS 0.205525 Benign 0.173304 Riskware 0.167416 Banking 0.101903 Adware 0.064871 ... Lypro 0.000043 Smspacem 0.000043 TrojanSMS.Boxer.AQ 0.000043 Ansca 0.000043 Loicdos 0.000043 Name: FinalClassLabel, Length: 185, dtype: float64	

6.3.4 相关度计算

应用程序存储库将应用程序分为高级类别，例如应用程序分为多重共线性，当多元回归模型中有两个或多个独立变量时，这些变量之间具有较高的相关度。当存在一些高相关度特征时，可能难以区分它们对因变量的各自影响。有多种技术可以检测多重共线性，包括方差膨胀因子（VIF）。属性之间的关联和线性关系的表示都使用相关度来划分。相关度介于 −1 和 +1 之间，其中 −1、0 和 +1 表示完全负相关、不相关和完全正相关。相关度系数可以使用以下公式在数学上进行校准：

$$r = \frac{n\Sigma(xy) - (\Sigma x)(\Sigma y)}{\sqrt{n\Sigma x^2 - (\Sigma x)^2}\sqrt{n\Sigma y^2 - (\Sigma y)^2}} \qquad (6.5)$$

各属性之间的相关度如图 6.8 所示，图中显示综合类别（CombinedClass）与最终类别（FinalClass）属性之间相关度很高。同样，其他属性的相关度如下：

（1）RiskLevel2 与 unsafeBroadcast 的相关度为 0.86；
（2）SafePI 与 noOfPendingIntents 的相关度为 0.89；
（3）noOfMethods 与 noOfClz 的相关度为 0.97。

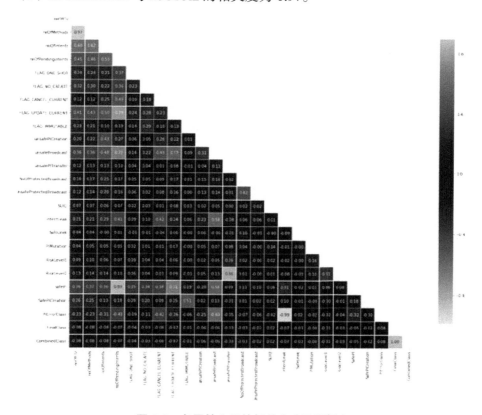

图 6.8　各属性之间的相关度（见彩插）

这些变量之间的相关系数给出了数据集中存在的多重共线性程度。对于上述相关属性，需要计算方差膨胀因子和公差值，它们是诊断多元回归共线性密切相关的统计数据。方差膨胀因子衡量的是，如果预测变量是相关的，估计回归系数的方差会增加多少。属性的方差膨胀因子值越高，它与其他变量的相关度就越高。这个案例中选择的阈值是 5，这意味着如果某个变量的方差膨胀因子大于 5，那么该变量将被删除。

计算方差膨胀因子：

- 如果方差膨胀因子 =1，表示属性间不存在多重共线性；
- 如果方差膨胀因子 ≤ 5，表示数据的多重共线性较低或相关度中等；
- 如果方差膨胀因子 ≥ 5，表示数据存在高度多重共线性或高度相关。

公差是工程应用中可接受的误差水平。公差是方差膨胀因子的倒数。

计算公差（方差膨胀因子的倒数）：

- 如果方差膨胀因子较高，则公差就会较低（即多重共线性较高）；
- 如果方差膨胀因子较低，则公差就会较高（即多重共线性较低）。

表 6.2 展示了所计算的综合类别和最终类别属性之间的方差膨胀因子和公差。由于该值大于所选择的阈值（5），因此便删除其中一列并重新计算方差膨胀因子和公差，通过这种方式，找到多重共线性较低的数据集。

表 6.2 属性间的方差膨胀因子和公差

VIF 方差			VIF 方差			VIF 方差		
IntentLeak	1.251168e+02	7.992530e-03	IntentLeak	1.011787	0.988351	IntentLeak	1.011838	0.988300
风险等级1	1.106252e+00	9.039534e-01	风险等级1	1.105841	0.904290	风险等级1	1.105841	0.904290
风险等级2	3.007710e+00	3.324788e-01	风险等级2	1.113403	0.898148	风险等级2	1.113406	0.898145
综合类别	9.995801e+08	1.000420e-09	最终类别	1.006141	0.993896	综合类别	1.006194	0.993844
最终类别	9.995281e+08	1.000472e-09						

6.4 确定最佳机器学习模型

本节介绍在测试数据集上使用的各种机器学习模型。用于测试数据集的机器学习模型如图 6.9 所示。

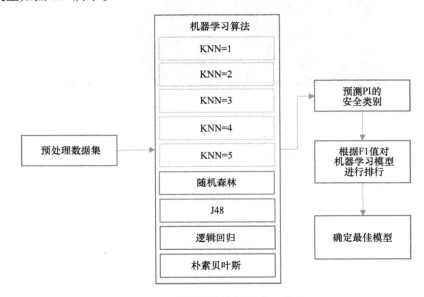

图 6.9 选择最佳的机器学习模型

6.4.1 混淆矩阵

混淆矩阵用于分析不平衡分类的性能度量，见表 6.3。真阳性（TP）、真阴性（TN）、假阳性（FP）和假阴性（FN）是混淆矩阵的预测值和真实值的 4 种不同组合。通过此方法可以计算准确度、精确率、召回率和 F1 值。

表 6.3　混淆矩阵

预测值	真实值	
	真（1）	假（0）
真（1）	真阳性（TP）	假阳性（FP）
假（0）	假阴性（FN）	真阴性（TN）

6.4.2 精确率

精确率（accuracy）是所有场景被准确识别的程度。当所有属性被视为相等且类别分布均衡时，精确率是首选。

$$精确率 = \frac{TP + TN}{TP + TN + FP + FN} \tag{6.6}$$

6.4.3 准确度

准确度（precision）衡量的是预测值与总体真类别相差多少个真值。当假阳性的数量最少时，准确度是可以预期的。

$$准确度 = \frac{TP}{TP + FP} \tag{6.7}$$

6.4.4 召回率

召回率是指从所有的真类别中找出准确预测的值，也称真阳性率（TPR）或敏感度。当假阴性数量最少时，召回率值更理想。

$$召回率 = \frac{TP}{TP + FN} \tag{6.8}$$

6.4.5 F1 值

F1 值或 F1 指标是准确度和召回率之间的平衡。它被认为是量化现实问题的最有效指标，因为它主要包含不平衡类别的分布。

$$F1\ 值 = 2 \times \left[\frac{准确度 \times 召回率}{准确度 + 召回率} \right] \tag{6.9}$$

6.4.6 接收方操作特性及曲线下面积

机器学习模型的性能也可以用接收方操作特性（ROC）和曲线下面积（AUC）来衡量。分类模型的能力由分离类别的能力来确定。ROC 曲线将通过分别在 x 轴和 y 轴上绘制假阳性率（FPR）和真阳性率（TPR）来获得。模型对真阳性（TP）和真阴性（TN）值的预测越高，其 AUC 就越高。AUC 介于 0 和 1 之间。当 AUC 向"0"移动时，代表其分离能力最差；当它向"1"发展时，它表示分离能力最好。最后，根据 F1 值对机器学习模型进行排名，以确定基于 PI 的安全性。F1 值通过取其调和平均值，将准确度和召回率综合成 1 个指标。由于 F1 值是准确度和召回率的加权平均值（或调和平均值），因此它同时考虑了假阳性和假阴性，以平衡分类器的准确度和召回率。

例如，当数据高度不对称时，精确率百分比（%）可能会受到许多真阴性的影响，从而导致精确率得分很高。也就是说，精确率评估的是分类器识别真阳性和真阴性的能力，而不是仅凭识别真阳性的能力来评估分类器的能力。因此，这里根据 F1 值来评价最佳模型，而不是根据精确率。

6.5 讨论

本节采用朴素贝叶斯（NB）、逻辑回归（LR）、随机森林（RF）、K-近邻（KNN）和 J48 算法来预测基于 PI 的安全攻击。

经测试过的分类器的指标见表 6.4 所示，表 6.4 中的数据（即使用随机采样前的数据）对应的 ROC 曲线如图 6.10 所示。测试中使用了"微"平均，这会导致所有 4 个指标（准确率、精确率、召回率和 F1 值）的值相同。结果表明，微平均不能区分不同的类别，因此，它会对上述指标取平均值，而不会根据标签进行加权。这表明，本数据集的测试集是不均匀分布（例如，178 个类别，占样本的 90%）。

表 6.4 各种算法的结果（随机采样前）

算法	精确率（%）	准确度	召回率	F1 值	ROC 面积
朴素贝叶斯	20.3	0.203	0.203	0.203	0.435
逻辑回归	40.2	0.402	0.402	0.402	0.229
K-近邻（$n=1$）	70.3	0.703	0.703	0.703	0.486
K-近邻（$n=2$）	70.4	0.704	0.704	0.704	0.485
K-近邻（$n=3$）	69.8	0.698	0.698	0.698	0.482
K-近邻（$n=4$）	70.0	0.700	0.700	0.700	0.479
K-近邻（$n=5$）	68.5	0.685	0.685	0.685	0.483
J48	74.9	0.749	0.749	0.749	0.469
随机森林	78.7	0.787	0.787	0.787	0.582

ROC 和 AUC 曲线是分类问题在不同阈值下的性能指标。ROC 是概率曲线，AUC 表示可分离性的程度或度量。因此，它规定了模型区分类别的能力（如图 6.10 所示）。AUC 的值越大，模型对类别的预测就越准确。好模型的 AUC 接近 1，这意味着它有良好的可分离性度量。当模型的分类能力较差时，它的 AUC 接近 0，这意味着它有最差的可分离性度量。当 AUC 为 0.5 时，该模型没有类别分离能力。

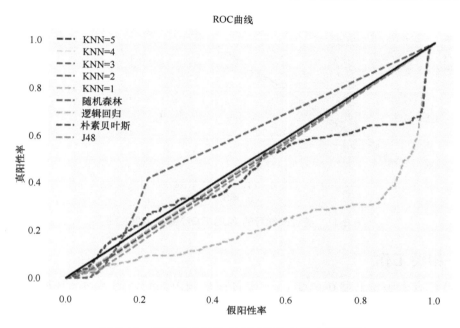

图 6.10　随机采样前的 AUC-ROC 曲线（见彩插）

随机采样后的分析结果如表 6.5 和图 6.11 所示。从表 6.5 可以观察到，随机森林的 ROC 值略有提高，这意味着经过随机采样后的算法在对测试数据进行排序时表现更好，大多数的阴性案例位于刻度的一端，而阳性案例则位于另一端。

表 6.5　各种算法的结果（随机采样后）

算法	精确率（%）	准确度	召回率	F1 分数	ROC 面积
逻辑回归	12.9	0.129	0.129	0.129	0.257
朴素贝叶斯	14.7	0.147	0.147	0.147	0.464
K-近邻（n=1）	70.3	0.703	0.703	0.703	0.486
K-近邻（n=2）	71.2	0.712	0.712	0.712	0.485
K-近邻（n=3）	68.9	0.689	0.689	0.689	0.486
K-近邻（n=4）	70.0	0.700	0.700	0.700	0.490
K-近邻（n=5）	64.3	0.643	0.643	0.643	0.490
J48	69.6	0.696	0.696	0.696	0.472
随机森林	73.8	0.738	0.738	0.738	0.640

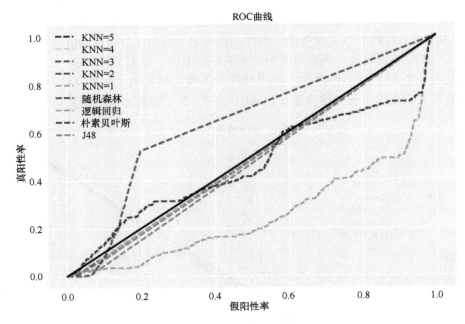

图 6.11 随机采样后的 AUC-ROC 曲线（见彩插）

6.6 相关工作

已经有人尝试在源代码和 DEX 文件中检测组件间通信期间的数据泄露和恶意组件。这些方法通过修改安卓框架或内核代码，在操作系统级别结合了静态分析、动态分析和运行时策略。然而，PendingIntent 设计作为一个可插入的 Java 库，可在组件间通信期间动态过滤数据泄露和恶意组件。RAICC[20] 和 PIAnalyzer[27] 研究了 PendingIntent 上的安全威胁。RAICC 通过添加带有正确意图作为参数的 startActivity() 方法，来检测 PendingIntent 调用（AICC 调用），从而将它们转换为标准组件间通信调用，以便后续通过可以使用 IccTA[21] 和 Amandroid[18] 做进一步处理。RAICC 用 20 个 PendingIntent 基准测试对 DroidBench[28] 进行了扩展，使 IccTA 和 Amandroid 能够处理 PendingIntents，并将 IccTA 的准确度提高 88.90%，将 Amandroid 的准确度提高 83.33%。

静态分析和动态监控有助于防止组件间通信攻击[17, 28, 32]。XmAmandroid[29] 是文献可获得的基于策略的模型。SALMA[24] 使用增量机器学习模型来分析应用程序的安全性。Barros 等人[25] 使用意图数据上的安全注释来跟踪污点流。增量机器学习模型[12, 24] 通过构建知识图谱来分析漏洞。Amandroid[18] 静态检测来自相同或不同应用程序的多个组件间的控制和数据流。ComDroid[16] 通过检查 .dex 文件来检测基于意图的攻击，例如意图欺骗、非授权意图接收和意图漏洞。CHEX[23] 将数据或组件漏洞简化为数据流问题，这有助于通过流模式来识别风险。AnFlo[11]

根据应用程序的功能描述，对恶意软件和正常程序进行分组。TERMINATOR[10] 整理了事件的顺序、事件的时间以及安卓自定义权限模型的安全漏洞。Kirin[30] 认证应用程序安装时的安全规则。DREBIN[14] 推断恶意软件模式，而非手动制作。TaintDroid[31] 构建了上下文相关信息及其使用情况的污点图。在 PendingIntent 中，不提供这种细粒度的上下文相关策略。参考文献 [17] 是一篇关于动态权限评分的有趣论文，其中如果应用程序收到来自恶意软件的通信，其权限分数就会下降。DroidCap[8] 通过将组件整合到有权限子集的逻辑应用程序中，从而方便在应用组件之间分离权限。Maxoid[33] 通过创建发起者状态的不同视图，限制权限泄露秘密。Aquifer[22] 定义了用户界面的工作流策略，其中每个参与应用程序都定义其导出列表、请求列表和工作流过滤器。MuTent[26] 是第一个基于所有权 [13, 15, 19] 的方法，用于保护隐式意图免受恶意软件攻击。

当数据通过受保护或非保护的通道进行交换时，系统必须采用加密技术[41]。Geetha 等人[42] 将机器学习应用于安全分析和性能改进。Maheswari 等人[43] 使用遗传算法对入侵检测系统进行分类。Sindhu 等人[44] 通过将概率矩阵分解（PMF）用到版本演化进度模型（VEPM），对应用程序的特征进行分类，从而将应用程序版本（时间线特征）纳入应用程序推荐。Culebra[5] 是一种基于 Python 的录制和播放环境，其对测试应用程序并收集数据有帮助。出于测试目的，本研究使用了一些基于 Github 的开源应用程序[1-4]。这四个应用程序修改了 PI 交换并进行了精确率测试。

6.6.1 局限性和未来工作

目前，该模型在训练中存在以下局限性，例如应用程序的分类是基于其他标准，如应用程序的权限、创建者等。未来会尝试将应用程序权限和创建者评级添加到训练模型。

6.7 结论

针对 PendingIntent 安全性方面的研究不多，本章提出了一种机制，自动分析 APK 中基于 PendingIntent 的安全问题。通过构建机器学习模型，可以快速发现 PI 安全问题。所提出的机器学习模型是首个整体自学习框架，它根据 PendingIntent 的属性对应用程序的安全性进行分类。

参考文献

[1] Android-Alarm, https://github.com/leanh153/Android-Alarm.
[2] Android Custom Push Notification Layouts, https://github.com/WebEngage/android-custom-push-layouts.
[3] Android Keynotes, https://github.com/akash2099/KeepNotes-Android App.

[4] Android Notification, https://github.com/jaisonfdo/NotificationExample.
[5] Culebra: Generating Ready-to-Execute Scripts for Black Box Testing, https://github.com/dtmilano/AndroidViewClient/wiki/culebra.
[6] PendingIntent, https://developer.android.com/reference/android/app/PendingIntent.
[7] sendBroadcastWithMultiplePermissions, https://developerandroid.com/reference/android/content/Context#sendBroadcastWithMultiplePermissions(android.content.Intent,java.lang.String[]).
[8] Abdallah Dawoud, Sven Bugiel: DroidCap: OS Support for Capability-Based Permissions in Android. In: NDSS Symposium (2019).
[9] Ali Feizollah, Nor Badrul Anuar, Rosli Salleh, Guillermo Suarez-Tangil, Steven Furnell: AndroDialysis: Analysis of Android Intent Effectiveness in Malware Detection. In: Elsevier Computers & Security. pp. 121–134 (2017).
[10] Alireza Sadeghi, Reyhaneh Jabbarvand, Negar Ghorbani, Hamid Bagheri, Sam Malek: A Temporal Permission Analysis and Enforcement Framework for Android. In: 40th ICSE. pp. 846–857 (2018).
[11] Biniam Fisseha Demissie, Mariano Ceccato, Lwin Khin Shar: AnFlo: Detecting Anomalous Sensitive Information Flows in Android Apps. In: MOBILESoft. pp. 24–34 (2018).
[12] Biniam Fisseha Demissie, Mariano Ceccato, Lwin Khin Shar: Security Analysis of Permission Re-Delegation Vulnerabilities in Android Apps, Empirical Software Engineering, volume 25, pp. 5084–5136, 2020.
[13] David G. Clarke, James Noble, John M. Potter: Simple Ownership Types for Object Containment. In: ECOOP 2001. LNCS, volume 2072. Springer, Berlin (2001).
[14] Daniel Arp, Michael Spreitzenbarth, Malte Hubner, Hugo Gascon, Konrad Rieck: DREBIN: Effective and Explainable Detection of Android Malware in Your Pocket. In: NDSS'14. pp. 23–26 (2014).
[15] David G. Clarke, Sophia Drossopoulou: Ownership, Encapsulation and the Disjointness of Type and Effect. In: 2002 ACM OOPSLA 2002. ACM, pp. 292–310 (2002).
[16] Erika Chin, Adrienne Porter, Felt Kate Greenwood, David Wagner: Analyzing Inter-Application Communication in Android. In: 9th MobiSys. pp. 239–252 (2011).
[17] Adrienne Porter Felt, Helen J. Wang, Alexander Moshchuk, Steve Hanna, Erika Chin: Permission Re-Delegation: Attacks and Defenses. In: USENIX Symposium. p. 22 (2011).
[18] Fengguo Wei, Sankardas Roy, Xinming Ou, Robby: Amandroid: A Precise and General Inter-Component Data Flow Analysis Framework for Security Vetting of Android Apps. In: ACM CCS'14. pp. 1329–1341 (2014).

[19] John Potter, James Noble, Dave Clarke: The ins and outs of objects. In: 1998 Australian Software Engineering Conference. IEEE Computer Society, Washington, DC, USA, pp. 80–89 (1998).

[20] Jordan Samhi, Alexandre Bartel, Tegawendé F. Bissyandé, Jacques Klein: RAICC: Revealing Atypical Inter-Component Communication in Android Apps. In: 43rd International Conference on Software Engineering (ICSE). IEEE/ACM, Madrid, Spain (2021).

[21] Li Li, Alexandre Bartel, Bissyandé, Tegawendé F. Bissyandé, Jacques Klein, Yves Le Traon, Steven Arzt, Siegfried Rasthofer, Eric Bodden, Damien Octeau, Patrick McDaniel: IccTA: Detecting Inter-Component Privacy Leaks in Android Apps. In: 2015 IEEE/ACM 37th IEEE International Conference on Software Engineering. volume 1, pp. 280–291 (2015).

[22] Limin Jia, Jassim Aljuraidan, Elli Fragkaki, Lujo Bauer, Michael Stroucken, Kazuhide Fukushima, Shinsaku Kiyomoto, Yutaka Miyake: Run-Time Enforcement of Information-Flow Properties on Android. In: European Symposium on Research in Computer Security. pp. 775–792 (2013).

[23] Long Lu, Zhichun Li, Zhenyu Wu, Wenke Lee, Guofei Jiang: CHEX: Statically Vetting Android Apps for Component Hijacking Vulnerabilities. In: ACM CCS. pp. 229–240 (2018).

[24] Mahmoud Hammad, Joshua Garcia, Sam Malek: Self-Protection of Android Systems from Inter-Component Communication Attacks. In: 33rd ACM/IEEE ASE'18. pp. 726–737 (2018).

[25] Paulo Barros, René Just, Suzanne Millstein, Paul Vines, Werner Dietl, Marcelo d'Amorim, Michael D. Ernst: Static Analysis of Implicit Control flow: Resolving Java Reflection and Android Intents. In: 30th ASE'15. pp. 669–679 (2015).

[26] Pradeep Kumar D.S., Tiffany Bao, Jaejong Baek, Yan Shoshitaishvili, Adam Doupé, Ruoyu Wang, Gail-Joon Ahn: MuTent: Dynamic Android Intent Protection with Ownership-Based Key Distribution and Security Contracts. In: 54th HICSS'54. pp. 7217–7226 (2021).

[27] Sascha Groß, Abhishek Tiwari, Christian Hammer: PIAnalyzer: A Precise Approach for PendingIntent Vulnerability Analysis. In: European Symposium on Research in Computer Security. Springer, pp. 41–59 (2018).

[28] Steven Arzt, Siegfried Rasthofer, Christian Fritz, Eric Bodden, Alexandre Bartel, Jacques Klein, Yves Le Traon, Damien Octeau, Patrick McDaniel: FlowDroid: Precise Context, Flow, Field, Object-Sensitive and Lifecycle-Aware Taint Analysis for Android Apps. In: PLDI'14. pp. 259–269 (2014).

[29] Sven Bugiel, Lucas Davi, Alexandra Dmitrienko, Thomas Fischer, Ahmad-Reza Sadeghi: XManDroid: A New Android Evolution to Miti-

gate Privilege Escalation Attacks. In: Technische Universität Darmstadt, TR-2011-04 (2011).

[30] William Enck, Machigar Ongtang, Patrick McDaniel: On Lightweight Mobile Phone Application Certification. In: ACM CCS. pp. 235–245 (2009).

[31] William Enck, Peter Gilbert, Byung-Gon Chun, Landon P. Cox, Jaeyeon Jung, Patrick Mcdaniel, Anmol N. Sheth: TaintDroid: An Information-Flow Tracking System for Realtime Privacy Monitoring on Smartphones. In: 9th USENIX (OSDI'10). pp. 393–407 (2010).

[32] Youn Kyu Lee, Jae Bang, Gholamreza Safi, Arman Shahbazian, Yixue Zhao, Nenad Medvidovic: A SEALANT for Inter-app Security Holes in Android. In: 39th ICSE. pp. 312–323 (2017).

[33] Yuanzhong Xu, Emmett Witchel: Maxoid: Transparently Confining Mobile Applications with Custom Views of State. In: EuroSys'15. pp. 1–16 (2015).

[34] Baksmali, https://github.com/JesusFreke/smali/tree/master/baksmali, Last-Visited-(08/1/2022).

[35] DexLib2, https://github.com/JesusFreke/smali/tree/master/dexlib2, Last-Visited-(08/01/2022).

[36] Smali, https://github.com/JesusFreke/smali,Last-Visited-(08/01/2022)

[37] CICMalDroid 2020, https://www.unb.ca/cic/datasets/maldroid-2020.html.

[38] The Drebin Dataset, https://www.sec.cs.tu-bs.de/~danarp/drebin/index.html.

[39] Google Play, https://play.google.com/store.

[40] Nitesh V. Chawla, Kevin W. Bowyer, Lawrence O. Hall, W. Philip Kegelmeyer, SMOTE: Synthetic Minority Over-Sampling Technique, Journal of Artificial Intelligence Research, volume 16, 321–357, 2002.

[41] Geetha Subbiah, P. Punithavathi, A. Magnus Infanteena, S. Siva Sivatha Sindhu: A Literature Review on Image Encryption Techniques, International Journal of Information Security and Privacy (IJISP), 2018.

[42] Geetha Subbiah, S. Siva Sivatha Sindhu, Nagappan Kamaraj: Blind Image Steganalysis Based on Content Independent Statistical Measures Maximizing the Specificity and Sensitivity of the System, Computers & Security, volume 28 (7), 683–697, 2009.

[43] M. Maheswari, Geetha Subbiah, S. Selva Kumar, Marimuthu Karuppiah, Debabrata Samanta, Yohan Park: PEVRM: Probabilistic Evolution Based Version Recommendation Model for Mobile Applications, IEEE Access, volume 9, 20819–20827, 2021.

[44] S. Siva Sivatha Sindhu, Geetha Subbiah, M. Marikannan, Kannan Arputharaj: A Neuro-Genetic Based Short-Term Forecasting Framework for Network Intrusion Prediction System, International Journal of Automation and Computing, volume 6 (4), 406, 2009.

第 7 章 安全应用中的机器学习和区块链集成

Aradhita Bhandari[1], Aswani Kumar Cherukuri[1], Firuz Kamalov[2]
[1] 印度韦洛尔理工学院信息技术与工程学院
[2] 阿联酋迪拜加拿大大学电气工程学院
电子邮箱：aradhita02@gmail.com；cherukuri@acm.org

摘要

当今世界通过技术连接在一起，无数终端设备、服务器、基础设施和其他资源构成了一个复杂有趣、不断变化和改进的网络环境。在这个环境中，每天都有新技术产生，漏洞也不断出现。在过去几年里，机器学习和区块链技术已经成为众多网络安全问题的强大解决方案。通过利用机器学习技术开发更智能的安全系统，可以自动执行入侵或异常检测、资源分配和操作扩展等程序。区块链技术则为维护或增强安全性和隐私性的去中心化系统开辟了更多可能性。此外，区块链技术再次引起公众对智能合约的关注，智能合约能够自动遵守相关方之间的协议。然而，在面对威胁时，智能合约也暴露了新的弱点。区块链和机器学习的独特功能为彼此留下了改进空间。区块链为机器学习模型和数据提供去中心化的安全性和信任度，而机器学习为区块链网络中的异常检测、可扩展性和效率提供智能决策。研究强调了区块链和机器学习之间的相互作用将如何提高网络安全能力。本章定义了网络安全，概述了常见的漏洞，并详细探讨了区块链和机器学习这两种技术。最后介绍了这两种技术的发展，并确定了未来的研究领域。

关键词：网络安全，机器学习，区块链技术，智能合约

7.1 引言

当今世界基本处于网络环境中，人们越来越关注生活中的数字化技术。尽管这项技术有诸多好处，有泛在化趋势，但它也存在一个复杂、多变和明显的攻击面漏洞。随着安全技术等新技术的开发，无形中增加了更多的漏洞。维护安全工作主要是攻击者和研究人员之间的持续对抗。在过去几年里，网络安全领域的两大主要技术是机器学习和区块链技术[2]。

区块链技术于2008年首次推出，与传统的集中式系统相比，有了巨大飞跃[11]。区块链通过对比不可篡改账本和网络各个节点之间的主要一致性，将信任和安全引入了分布式系统。该技术创建了第一个加密货币，并促进了金融科技的发展。自此，它的使用范围从金融领域扩展到其他各个领域，人们也对基于区块链的网络安全进行了大量研究[55]。

机器学习由各种算法和技术组成，也可以被认为是人工智能、深度学习和自然语言技术的总称。机器学习算法通常在一个问题框架内，试图根据从可用数据中学到的模式和关系来模拟智能决策过程。从国防到医学和网络安全，机器学习有各种各样的应用。尽管数据的质量和数量经常带来限制，但机器学习在安全领域有多种用途。机器学习通过将传入数据与先前学习到的模式进行比较来检测异常或入侵而闻名[75]。

尽管机器学习和区块链在网络安全方面取得了重大发展，但每项技术都会暴露出系统的一系列新漏洞。区块链提供了一个分布式计算环境，可以减轻机器学习系统中的单点故障和中心漏洞。机器学习可以将智能决策融入区块链安全、合约和资源分配。

本章后续内容如下：7.2节介绍本章研究方法；7.3节介绍网络安全背景，并详细讨论了研究的必要性；7.4～7.5节分别讨论区块链技术、智能合约和机器学习，内容包括技术简介、技术在网络安全中的应用研究，以及在网络安全环境中已发现的缺点；7.6节讨论了利用区块链技术和机器学习的网络安全发展；7.7节分析了未来研究方向；第7.8节为结论。

7.2 研究方法

本章研究了综合使用机器学习和区块链技术的网络安全发展，旨在回答以下问题：

（1）区块链解决方案如何协助基于机器学习的网络安全系统？
（2）机器学习解决方案如何协助基于区块链的网络安全系统？
（3）机器学习+区块链技术网络安全解决方案的未来研究方向是什么？

研究引用的论文主要来自以下数据库：IEEE Xplore、Science Direct、ACM数字图书馆、Elsevier和Scopus数据库。通过使用一个或多个关键词来查找这些论文，例如"网络安全""区块链""智能合约""机器学习"和"深度学习"，如图7.1所示，初步搜索收集了60篇论文，其中12篇论文未涉及网络安全领域，因此被排除在外。根据与主题的相关性来筛选论文，重点关注那些介绍发展、提出新系统或强调一种或多种技术缺点的论文。包含重复内容或未讨论机器学习和区块链解决方案的论文将被剔除。经过上述考量，最终选取了18篇论文进行综述，其中有9篇讨论了区块链技术的机器学习解决方案，另外9篇讨论了网络安全中机器学习技术的区块链解决方案。在总结未来可能的研究方向时，参考了最初选取的48篇论文。

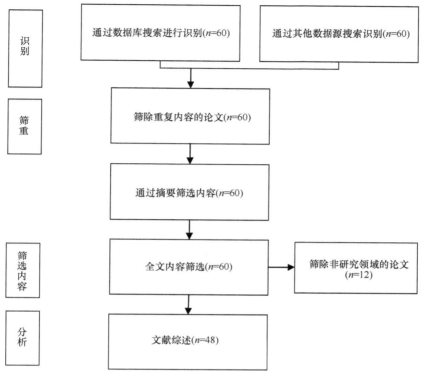

图 7.1 文献综述方法

7.3 背景

网络安全和信息安全概念经常交替使用，虽然两者概念大部分重叠，但也存在明显区别。关于网络安全和信息安全的定义有很多，但这里只考虑国际标准化组织（ISO）的定义。

国际标准化组织将网络安全定义为在网络空间中保护信息的机密性、完整性和可用性（ISO/IEC，2012）。

由于区块链需要某种网络并且几乎总是使用互联网，主要在网络空间对其进行讨论。

为深入理解网络安全，必须定义网络安全中的三个基本属性：机密性、完整性和可用性。国际标准化组织：IEC 27000（2018）对这些术语的定义如下。

机密性是指信息不提供或不泄露给未经授权的个人、实体或程序的特性。

完整性是指信息的准确性和完整性特性。

可用性是指授权实体根据需要访问和使用信息的特性。

网络犯罪是使用计算机或计算机网络工具威胁网络空间机密性、完整性和可用性的犯罪活动。

Kaur 等学者[98]列出了已发现的各种网络攻击清单。这些攻击分为九类：加密攻击、访问攻击、侦察攻击、主动攻击、被动攻击、网络钓鱼攻击、恶意软件攻击、量子攻击和网页攻击。

网络犯罪持续影响个人用户、政府机构和企业组织。即使是在安全方面投入大量资金的大型企业也会成为这些犯罪活动的受害者。网络犯罪可能造成数十亿美元的损失或数据丢失。

2021年1月至3月，微软Exchange服务器容易遭到黑客组织攻击，该组织利用四个零日漏洞破坏了服务器的Outlook网页登录界面。这些漏洞使攻击者能够访问服务器上的所有数据、底层服务器网络，并将访问权限提升到管理员级别。他们还在受感染的服务器上安装了后门，即使服务器进行了更新，他们也可以访问服务器，直到后门被删除。这次攻击影响了大约25万台服务器[99]。

2004年1月，一种名为"密多姆（Mydoom）"的计算机蠕虫首次被发现。它目前仍用于网络攻击。"密多姆"最初通过电子邮件传播，最后成功控制了互联网并影响了点对点（P2P）文件共享程序。这种恶意软件非常猖獗，在高峰期约占全球发送的电子邮件总数的四分之一。该恶意软件的原始版本包含两个有效载荷，一个用于控制被破坏的个人计算机后门，另外一个针对SCO集团网站进行拒绝服务攻击。该病毒的改进版本还将目标瞄准微软和防病毒网站，以阻止防病毒工具和软件。据估计，此次攻击造成了380亿美元的损失，使其成为历史上最昂贵的计算机恶意软件[37]。

微软Exchange攻击和"密多姆"是网络安全攻击的两个典型例子。攻击类型多种多样，每种攻击又包含多种具体攻击。网络安全是一个庞大且不断发展的领域，没有一种网络安全解决方案可以应对每一次攻击。具有讽刺意味的是，网络安全和网络攻击彼此互相促进。通常，特定问题的解决方案会带来一系列新的漏洞。一个众所周知的例子是，区块链的出现带来了新一轮强大的勒索软件浪潮。因此，网络安全需要开发新技术，以领先于网络犯罪分子[37]。

7.4 区块链技术

7.4.1 区块链技术简介

中本聪于2008年首次提出了区块链的概念。2008年，纳卡莫托在论文中将区块链描述为一种可以绕过传统银行解决方案的电子P2P交易系统[90]。2009年，该技术被用于创建电子货币——"比特币"。

在区块链中，货币被视为数字签名，可用于追踪货币所有权历史。在交换货币之前，所有者通过附加上一次交易的哈希值和下一个所有者的公钥来对货币进行签名。中本聪的系统解决的主要问题是建立一个无法篡改的信任系统。它通过使用数字签名、分布式时间戳和工作量证明（proof-of-work）的概念来实现这一点。

时间戳服务器公开发布一组项目的哈希值。时间戳证明了特定时间范围内数据的存在。通过将前一个时间戳纳入每个新时间戳的哈希值来防止篡改，从而有效地创建链路。没有集中授权的时间戳服务器的使用需要通过 P2P 网络进行分配。

工作量证明是在 P2P 网络中利用时间戳服务器的必要条件。这一概念由 Back[4] 提出，该概念将所需的平均工作量定义为哈希值中所需的零数指数，可以通过执行单个哈希值来验证。通过增加区块中的随机数来实现工作量证明，直到达到哈希值所需的零位值。现在，必须运行中央处理器来满足工作量证明，如果不重新完成工作，就无法更改区块。由于区块形成一条链，链中的区块越旧，就需要花费更多工作对其进行改进，这样才能实现链的完整性。

工作量证明也符合多数赞成票的目的。它本质上是一个中央处理器一票，比一个 IP 地址一票更安全，因为任何拥有多个 IP 地址的人都可以破坏一个 IP 地址一票的情况。如果大多数中央处理器功率由诚实节点控制，那么诚实节点将以最快的速度增长并超越竞争链。此外，工作量证明与每小时平均块数成反比，这意味着如果区块添加得太快，难度就会增加。

通过将每条交易链视为一种货币，系统对诚实节点工作提供了激励机制。中央处理器通过消耗时间和能力来投资新货币。除了系统中的货币余额外，该激励机制还鼓励节点保持诚实。如果攻击者能够获得大量中央处理器能力，他们有望在诚实工作中获得更多的投资回报，而不是试图修改区块链来窃取所付款项。

区块链工作可以利用以下步骤进行描述：

（1）每笔新交易都会向其他节点广播，并带有时间戳：只需要大多数节点接收到交易广播，有些节点没有接收到也没关系。大多数中央处理器能力足以将交易纳入一个区块中。

（2）每个节点将广播的交易集中到一个区块中。

（3）每个节点都会为其区块寻找工作量证明。

（4）找到工作量证明后，节点会广播相应的区块。

（5）当节点接收一个区块时，它首先会验证区块中的所有交易是否有效：如果网络中的某个节点因任何原因没有接收到区块，它会在获得下一个区块时立即意识到缺少一个区块。然后它可以向其对等节点请求获得丢失的区块。

（6）如果节点认为区块有效，它将开始创建链路中的下一个区块。前一个区块的哈希值将被视为可接受的哈希值。

- 由于较长的链代表多数赞成票，因此节点将始终认为最长的链是正确的，并将努力延长它。

- 如果一个节点接收到两条链长度相似的区块，将处理接收的第一个区块，但存储另一个区块。当找到下一个工作量证明时，两个区块之间的关系将被打破。

7.4.2 区块链技术的应用

区块链最终产生的影响比只引入在线货币交易生态系统更大。研究很快发现，纳卡莫托创建了一个安全可扩展、适用于各个领域（除金融外）的结构。区块链改变了网络的安全动态，引起了大量关注和研究。

在传统模型中，隐私是通过将信息访问限制在相关方和受信任的第三方来实现的。区块链绕过了受信任的第三方，通过公开提供交易账本来实现信任。为维护隐私，交易各方的身份被隐藏[11]。

此外，传统系统中的受信任机构本身很容易受到攻击。它们为攻击者提供了明确目标。如果中心化系统的受信任机构受到损害，整个系统都会受到损害。区块链通过分布式系统避免了这一缺点，因为同时接管网络中的大多数中央处理器比接管一个系统要困难得多[93]。

区块链还提供了一种比域名系统（DNS）更强大的解决方案，以防止分布式拒绝服务攻击。其中一种方法就是在网络节点之间简单分发请求。当网络被大量请求淹没时，它会将请求分发到各个节点，而不是指定一个中心节点来处理请求。因此，要堵塞网络，攻击者必须发送足够多的请求来同时占用所有节点，而不会被标记为分布式拒绝服务攻击，这比简单堵塞中央服务器要复杂得多[102]。

区块链在网络安全中的应用可以分为多种方式，如图 7.2 所示。本节主要涉及互联网特定安全解决方案、物联网特定安全解决方案、软件定义网络特定安全解决方案和云存储安全解决方案。

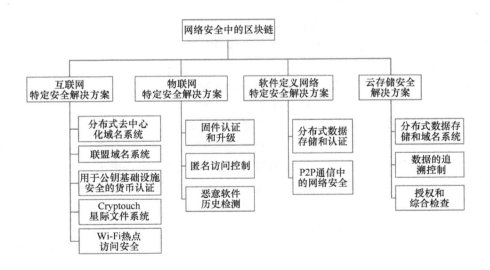

图 7.2　区块链在网络安全中的应用

1. 软件定义网络（SDN）特定安全解决方案

尽管区块链已成功用于各种网络安全应用，但区块链最有前景的应用之一是提高软件定义网络的安全性。软件定义网络是一种更强大、更安全的技术[12]。在软件定义网络中，控制面板决定如何转发网络数据包，理论上，它集中在一个称为软件定义网络控制器的软件实体中。该控制器可使管理员从单个管理点对所有网络要素进行编程和配置，而无需访问每个网络设备。该系统旨在预防、检测、报告、隔离、最小化和减轻大多数网络入侵的不利影响[19]。

尽管软件定义网络确实在某些优势、可扩展性和易于监测方面提供了更多的安全性，但带来了传统网络中不存在的新漏洞[22]。软件定义网络（SDN）有七个主要攻击向量，集中控制器的管理和配置被视为单点故障[94]。

正如人们所看到的那样，区块链提供了一种保护去中心化系统的方法：在区块链赋能的软件定义网络应用中，关键数据存储在容器中并经过身份验证；私有和公共区块链均可用于网络节点与软件定义网络控制器之间的 P2P 通信，从而使区块链能够解决软件定义网络带来的网络安全问题[35]。

2. 互联网特定安全解决方案

全球大量人口每天都会不同程度地使用互联网。互联网在带来好处的同时，也带来了安全问题。区块链的发展引发了互联网安全的一场变革。本小节将讨论互联网在导航和使用万维网方面的安全性。

域名系统是一个分布式去中心化的数据库，其中 IP 地址映射到域名，从而能够更方便地访问互联网。尽管域名系统是互联网的重要组成部分，但其冗长、效率低下，而且经常成为攻击的目标[95]。

Benshoof 等学者[28] 提出了一种分布式去中心化的域名系统，该系统利用基于比特币区块链的分布式哈希表和域名权属系统。分布式去中心化域名系统为当前一些已识别的域名系统问题（如分布式拒绝服务、欺骗和审查）提供了解决方案，它提供了去中心化和经过身份验证的域名权属记录，从而无需证书颁发机构的认证。Wang 等学者[38] 提出了另一个值得关注的区块链域名系统解决方案。联盟域名系统以包含数据挖掘人员节点和查询代码的联盟网络为基础，具有三层架构和外部存储，用于寻址和容纳区块链。

Qin 等学者（2020）解决了另一个互联网漏洞。公钥基础设施（PKI）可使公钥与其所有者建立可靠连接，但基础设施是集中式的，会引发单点故障问题。公钥基础设施也容易受到中间人等攻击。作者提出了一种基于区块链的分布式证书——货币，以应对这类攻击。该系统的工作原理是将证书视为货币并记录在区块链中，数据挖掘人员使用一组规则验证证书的有效性，并允许同一个身份绑定多个公钥证书[54]。

Saritekin 等学者[55] 提出了 Cryptouch 模型，该模型使用区块链和星际文件系统（IPFS）（一种符合当前 HTTP 协议的去中心化方法）来提供中介、分布式、连续且安全的通信环境。与区块链不同，星际文件系统可以处理大量和重复数据。

Niu 等学者[39]提出了一种模型，该模型使用比特币区块链为 Wi-Fi 热点访问提供匿名且可追溯的身份验证方案。该模型使用 P2P 混合协议来交换用户设备在区块链中记录的凭证。随后，热点提供商可以访问区块链来验证用户身份。

3. 物联网特定安全解决方案

物联网在传统系统的自动化方面取得了重大进展。然而，物联网的基本准则是使设备通过互联网连接，而这些设备容易受到网络攻击。随着物联网设备被集成到医疗、消费者个人设备、智能家居、智能城市和基于生产商的制造单位等各个领域，物联网安全已成为一个重点关注问题[16]。由于物联网设备本身的计算能力通常较低，一般通过服务器或其他设备实施传统安全解决方案，然而，集中式设备会产生单点漏洞和故障。

基于区块链的物联网解决方案最显著的优势之一是分布式，不需要其他设备来共享计算。区块链可以与智能合约（参见 7.4.3 节）一起使用，从而提供自主访问控制配置[45]。

以往，出于安全考虑，物联网设备一般在进行固件更新时，在自动化流程中面临众多问题。如果下载了非法固件，整个设备网络可能会受到损害。区块链解决方案还可以验证固件和更新物联网设备[78]。每个网络设备都被视为一个节点，并存储区块链账本的备份。当新固件被引入节点时，它会通过区块链共识协议与相邻节点进行同等验证。一旦验证了固件版本和真实性，节点就可以安装固件[56]。

物联网设备面临的另一个主要问题是恶意软件检测。物联网设备通常没有足够的计算能力来使用所有安全解决方案，从而无法识别网络中的其他恶意节点。然而，基于区块链的架构可以将历史连接存储在账本中，并置于应用程序层和传输层之间[57]。然后，恶意连接被存储在公开可用的账本中，新的连接可以通过其余节点的多数赞成票来确定[58]。

4. 云存储安全解决方案

云计算和云存储彻底改变了共享存储解决方案，然而，它们在生态系统中仍然存在单点故障。私有和公共区块链都可以分发数据并充当命名系统。此外，区块链允许数据交换，其中凭证可以验证数据并防止在未授权的情况下进行更改。此外，该方案还可以加密客户端，使数据所有者能够对数据进行追溯控制[47]。

此外，区块链还可以保护生态系统免受分布式拒绝服务攻击。

7.4.3 智能合约

与区块链提出的众多机制一样，智能合约通过引入区块链得以改进。Szabo[2]提出了智能合约方案，将合同条款嵌入到相关系统的软硬件中，通过在满足某些条件后立即自动执行合同条款，使违约者付出高昂代价。

1. 基于区块链的智能合约

实现智能合约的一种方法是在区块链的基础上执行计算机程序。这些程序还可能具有逻辑流程（例如条件语句），以保留合同条款之间的联系。任何合同的执行都会被存储为区块链中的固定交易。这可能是一种共生关系，因为智能合约反过来可以执行合同和访问控制[96]。基于区块链的智能合约过程可以分为四个阶段——创建、部署、执行和完成。

创建涉及双方对具有法律约束效力的合约条款进行协商。随后，这些条款通过设计、实施和验证转换为可执行的软件程序[30]。

智能合约经过充分验证后，即可部署在区块链平台上。一旦完成区块链部署，所有相关方都可以访问合约，所有数字资产都可以通过冻结数字钱包来锁定，这确保各方在违反合约条款的情况下，能够支付罚款。部署到区块链后，合约固定且无法更改，任何修改都需要创建新的智能合约[40]。

当违反任何条款时，就会执行智能合约。为此，合约受到监控和评估。当触发任何一个条件时，都会执行相应条约，从而引发交易，这由数据挖掘人员进行验证并存储在区块链上[31]。

智能合约的完成要么通过满足合约条件来实现，要么通过违反合约并触发交易来实现。无论哪种方式，都会评估参与方的新状态，并更新区块链的智能合约交易。然后，所有参与方的数字资产都被解锁，并认为已完成整个区块链过程。

2. 应用

基于区块链的智能合约提供了一个去中心化、经过身份验证、具有合约约束力的平台，可应用于多个领域。

（1）物联网。区块链为物联网设备开辟了新途径，由于智能合约是自动执行的，因此可以进一步推动物联网的发展。区块链可以促进基于物联网的制造或电子商务交易。例如，可以对智能合约进行编程，以便在无需人工干预的情况下更新物联网设备。通过区块链，该系统可以部署到整个网络，各个设备将自动从智能合约中获取固件哈希值并自动更新[29]。

智能合约还对违约提供了保护，因此不需要可信第三方参与交易。它们还可以通过自动支付和自动收取违约罚款来加速传统供应链发展。Zhang 等学者[26]提出了分布式自主体系，使用区块链智能合约来安全地实现交易自动化，而无需政府、银行或公司等第三方的干预。

（2）分布式系统安全。区块链的分布式特点显著提高了安全性，也改变了人们对传统网络的看法。然而，区块链技术也容易受到攻击。智能合约可以在区块链中提供其他安全机制。Rodrigues 等学者[41]提出了一种缓解分布式拒绝服务攻击的方法，即自动将攻击者的 IP 地址添加到智能合约中，随后，该合约可立即供区块链中的其他节点使用。节点可以立即执行其他安全策略来缓解攻击[77]。

此外，智能合约还可以提高云安全性。值得注意的是，它们绕过了传统上由第三方代理检查并将用户请求与服务提供商进行匹配的过程。

（3）金融。区块链等智能合约可用于各种金融应用。它们可以通过自动化流程来加快投资银行的结算周期[42]。此外，区块链还可以用于抵押或贷款系统，可自动付款，如果有任何违约行为，都会立即向贷款人赔偿。此外，智能合约还可用于公司及其用户之间达成既定协议。例如，如果航班延误超过约定时间，则触发智能合约并向客户退款。

（4）数据隐私性和可靠性。随着机器学习和数据科学的发展，许多用户需要安全存储数据并防止数据被伪造。保护和验证用户数据的方法也可用于保护其他数据源，如知识产权和交易记录。

根据应用需求，智能合约可用于保护关键数据隐私，而区块链则可以采用零知识方法来保护用户隐私[43]。智能合约还可以确保知识产权在被盗时可以追溯到泄密者。任何共享数据都可以"加水印"或作为附加物以识别买卖双方之间的交易（例如各自的姓名或付款的唯一 ID）。如果水印出现在协议使用范围之外的任何平台，就会触发智能合约。此外，智能合约可用于验证知识产权是否被篡改，方法是将数据嵌入区块链进行存储，并使用嵌入的数据检查新接收的数据是否被篡改[44]。

7.4.4 区块链解决方案在网络安全方面的缺点

虽然区块链有各种各样的应用，但它也有缺点，在设计区块链系统时必须考虑到这些缺点。区块链的一个重要缺点是需要存储大量数据[59]。这降低了区块链在网络上的分发速度，也要求设备提供大量存储空间，而这通常超出了物联网或用户设备的容量。此外，对区块大小和时间间隔的限制降低了网络交易吞吐量。当前重新设计区块链和优化存储的工作尚未实现完全可扩展能力[60]。

此外，分布式存储机制使区块链中的攻击面更大，为攻击者提供了各种访问数据的可选方案，尽管这些数据是不变的，但可以使用数据挖掘等技术研究敏感信息[79]。

对于可接受的区块大小也没有达成共识。虽然更大的区块可以存储更多数据，但它们很难存储和分发。另一方面，较小的区块易于管理和处理，但信息处理空间有限。

区块链与任何安全机制一样，本身也容易受到攻击。Saad 等学者[80]确定了 22 种与区块链结构、点对点系统和区块链应用相关的各种攻击。这里讨论了其中一些攻击。

此外，区块链的共识机制基于这样一个假设，即任何网络中的大多数节点都是诚实的。但如果假设超过 50% 的未成年人可以被控制，在这种情况下，区块链流程可能会被劫持，甚至可能通过提供伪造的历史记录来修改之前的交易。这种攻击通常被称为多数人攻击[18]。

即使无法控制大多数节点，攻击者也可以成功进行攻击，例如私自挖掘数据。私自挖掘数据利用了区块链偏爱更长链的倾向。如果攻击者将挖掘的区块附加到私链上，而不是广播它们，直到私链分支比公链长，私链就会取代公链。这会将数据挖掘奖励重新分配给攻击者，从而损害原始公链数据挖掘人员的利益。许多自私的数据挖掘人员可能会聚集在一起，通过持续挖出比公链更长的链来定期增加利润。

尽管区块链被认为可以缓解分布式拒绝服务攻击，但基于区块链的应用（例如比特币和以太坊）却屡屡遭受此类攻击。区块链分布式拒绝服务攻击可以通过多种方式实现，例如上面讨论的多数人攻击。区块链恶意分支也可能成为真正分支，其结果类似于分布式拒绝服务攻击。此外，由于区块链基于数据挖掘性质，应用程序在给定时间内能够处理的交易数量是有限的。可以利用这一点，在短时间内引入大量交易会使网络过载和拥塞。此外，内存中可以充斥着经确认的交易，以增加数据挖掘力度[3]。

7.5 机器学习技术

7.5.1 概述

机器学习涵盖了一系列算法和建模工具，能够通过经验和数据自动提升性能。这些算法可用于特定的训练数据，解决各个学科中的各种问题。机器学习模型可以分为两类：生成式模型和判别式模型。网络安全通常涉及后者，并可以分为分类和回归两种模型。分类是将归类或离散数据进行标记；回归可用来预测数值或连续值（代表了训练数据量）。

机器学习算法还可以根据学习过程中使用的数据进行分类。所有模型都需要一些训练数据；无监督模型仅基于训练数据进行学习，而有监督模型则需要标签。强化学习介于两者之间，模型在训练过程中会得到一定的可用于学习过程的反馈信息[89]。

将判别式机器学习模型应用于任何领域的基本想法是，这些模型可以从历史数据中找出模式，并将其应用于新数据。

7.5.2 网络安全应用

图 7.3 所示为机器学习在网络安全中的应用。当前的网络空间产生、传输和存储着大量数据。虽然传统的安全解决方案，如防病毒、防火墙、用户认证、访

问控制、数据加密、加密系统等仍然非常重要,但这些已经难以满足网络行业的需求[32]。

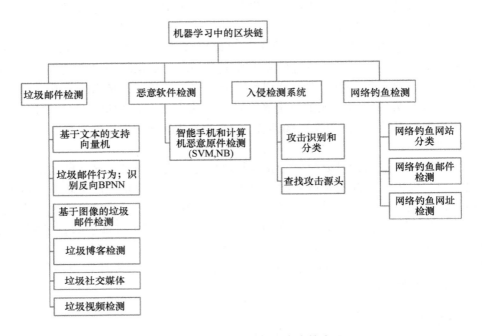

图 7.3　机器学习在网络安全中的应用

1. 入侵检测系统

入侵检测系统(IDS)通常被看作一种设备或软件应用程序,用于监控计算机网络或系统中的恶意活动或策略违规行为[21]。IDS 从计算机网络或系统中的几个关键点分析安全数据。

入侵检测方法主要有四种:签名入侵检测方法,可以检测已知攻击;异常入侵检测方法,可以检测新的未知漏洞;混合入侵检测方法,结合基于签名和基于异常的方法来减少检测未知攻击时的误报率;状态协议分析方法,可以了解和跟踪协议状态[74]。

安全专业人员以往通常采用文件散列、自定义规则或手动定义的启发式方法,根据从文件、日志、网络数据包或其他相关来源获取的数据进行检测[6]。然而,由于 IDS 和机器学习都专注于数据,因此两者经常结合起来创建安全解决方案。机器学习算法可以从训练数据中学习或洞察安全事件模式,用于检测和保护。这种方式能应用于多种目的;自动化流程比传统方法更快,并且显著提高识别未知攻击的效率。

IDS 中的分类技术通常用于检测是否有攻击出现,或者根据用网络或系统检索到的数据确定的类型对攻击进行分类。各类算法已用于创建基于分类的

IDS，其中支持向量机、决策树、朴素贝叶斯、Xero、OneR 和 K- 近邻是常见的技术[90]。

另一方面，回归技术用于预测数据决定的连续值或数值，例如预测给定时间段内的攻击总数，预测网络数据包参数，甚至检测攻击的根本原因[91]。

2. 垃圾邮件检测

垃圾邮件检测通常应用于接收到的电子邮件，但在其他应用也有涉及，如博客、搜索引擎、推特。垃圾邮件检测建立在多种基础技术上。

第一类是文本分类，使用已知和已识别的垃圾邮件中的文本关键字来训练模型，以便识别垃圾邮件。基于词包模型的贝叶斯分类器被广泛用于垃圾邮件检测[24]。支持向量机在文本分类方面的应用也很广泛[15]。

文本分类器有个巨大的缺陷。由于识别的是关键字，因此很容易破解，并且随着时间的推移逐渐过时。另一种方法则侧重于"垃圾邮件行为"来表征和检测垃圾消息。过滤垃圾邮件的反向传播网络显示了高精度的低误分类率[13]。

垃圾邮件发送者开始在图像中嵌入垃圾邮件消息，以绕过基于文本的垃圾邮件检测。计算机视觉和图案识别技术已可以有效识别此类图像[17]。

支持向量机（SVM）是广泛应用于各种垃圾邮件检测，包括垃圾博客[14]、被黑客或机器人攻击的社交媒体账户[25]，以及 YouTube 上的垃圾视频[9]。

3. 恶意软件检测

恶意代码的检测通常会分析代码的模式和相似性。无监督方法最初通过访问计算机来检测恶意软件[7]。各种机器学习算法已被用于智能手机和计算机中的恶意软件检测，其中支持向量机、决策树和朴素贝叶斯是最常用的[75]。

4. 网络钓鱼检测

网络钓鱼采取社交形式，攻击者伪装成合法的权威机构，试图从受害者那里接收机密或个人信息。支持向量机已成功用于网络钓鱼网站分类[10]、网络钓鱼网址检测[20]、网络钓鱼邮件检测[106]。支持向量机、决策树和朴素贝叶斯都被成功用于网络钓鱼检测，其性能根据用例而变化[53]。

7.5.3 缺点

虽然机器学习在各种应用中取得了显著的成果，但仍有改进空间。通常，机器学习解决方案需要系统提供大量数据。机器学习用于网络安全的最大挑战之一是，随着时间的推移，用于训练模型的数据变得越来越冗余。1999 年的数据集（NLK-KDD'99）仍用于 2021 年的研究[92]。此外，网络空间技术的频繁变化意味着，模型必须接受新数据的训练，才能保持相关性。也就是说，如果不重新训练，预训练模型将把新数据标记为异常。最后，网络安全中的机器学习往往以上下文感知为代价，导致为发现攻击而收集的信息不准确[33]。

即便识别出可以通过机器学习解决方案隐藏的漏洞，但在收集到大量攻击数据之前, 也无法对这些解决方案进行研究[100]。

7.6 机器学习与区块链技术集成

区块链和机器学习都是新兴技术, 为网络安全带来了巨大发展。然而, 如上所述, 区块链和机器学习都有很大的改进空间。有趣的是, 这两个看似独立的解决方案显示了一些相互改进的空间。本节分两部分进行讨论, 即区块链如何使机器学习受益, 以及机器学习如何使区块链受益。

7.6.1 区块链改进机器学习解决方案

机器学习解决方案通常需要处理大量数据, 这些数据要么用于训练, 要么通过算法预测进行发送。在这些解决方案中, 数据量是首选, 因为数据量能让模型准确得到更可靠的预测。然而, 收集、组织、审查、安全存储和访问的大量数据, 特别是定期更新的数据, 成本巨大, 并且对于许多系统而言是不可行的。区块链可以为学习算法提供一种分散和防篡改的方式来存储和共享数据。用于改进机器学习技术的区块链应用总览见表 7.1。

表 7.1 用于改进机器学习技术的区块链应用总览

模型	ModelChain
文献编号	[65]
作者	Kou, OhnoMachado
创新性	私有区块链上的在线机器学习框架
安全性	固定审查跟踪, 减少拜占庭将军 (Byzantine Generals) 和西比尔 (Sybil) 攻击
激励	信息证明
可扩展性	P2P 模块化
特点	与现有公共健康系统集成, 将部分模型传播到节点
后续工作	信息证明的计算复杂度; 多数信息证明的可扩展性; 智能资源分配; 元数据加密; 与 VPN 集成
模型	区块链上机器学习的统一分析框架
文献编号	[68]
作者	Wang
创新性	将机器学习作为一个模型在多台机器上的多个线程中运行
安全性	基础的区块链技术范例
激励	工作量证明
可扩展性	区块链节点的可扩展性
特点	确保公平竞争、评估模型和分配奖励的智能合约
后续工作	构建增量模型; 处理快速数据流

（续）

模型	RoboChain	
文献编号	[69]	
作者	Ferrer 等人	
创新性	基于机器人单元的学习网络	
安全性	每个节点都能维护数据，为共享答案计算隐私熵	
激励	工作量证明	
可扩展性	后续工作	
特点	可行的低成本机器人单元"审查"算法，以减少偏差；可部署在任何区块链上，独立于具体实施	
后续工作	实时学习；管理模型提案的智能合约；处理多个同时干预措施的模块化；遵守不同的道德标准	
模型	DeepChain	
文献编号	[70]	
作者	Weng 等人	
创新性	联邦学习中的隐私问题	
安全性	个体阈值；得到梯度的参与者进行 Paillier 加密；审查件和解密共享；对超时检查失败进行罚款	
激励	建立货币系统，首先完成工作并成为领导者才能获得奖励。钱被扣除作为训练模型的使用费或罚款	
可扩展性	后续工作	
特点	激励机制的兼容性和活跃性；超时检查；罚款和奖励增加公平性	
后续工作	迁移学习；可扩展性	
模型	Pledge	
文献编号	[82]	
作者	Doku, Rawat	
创新性	用于"购买"和"租用"分布式数据的无权限区块链	
安全性	事件加密和数据删除	
激励	利益证明	
可扩展性	通过利益组	
特点	信息即服务	
后续工作	对加密数据或模型加密进行数据训练的自毁机制	

（续）

模型	安全支持向量机（secureSVM）
文献编号	[83]
作者	Shen 等人
创新性	基于区块链加密物联网数据的隐私保护支持向量机训练方案
安全性	通过 Paillier 进行本地数据加密
激励	工作量证明
可扩展性	通过数据提供程序中的模块化实现
特点	物联网数据分析师访问包含共识机制，以防止数据篡改
后续工作	推广到其他模型
模型	机器学习各方之间的去中心化信任
文献编号	[84]
作者	Bore 等人
创新性	使用验证技术和区块链日志，在多代理系统上执行的计算中建立分布式信任
安全性	监控输出，对有问题的工人进行分级和识别，内置加密技术
激励	历史奖励空间
可扩展性	新颖的压缩模式，提高可伸缩性
特点	跟踪、监控、验证和验证机器学习任务和结果输入/输出支持云的 API 用户管理；结果人工管理
后续工作	减轻对区块链的攻击，防止偏差
模型	保护公平和隐私的深度学习（FPPDL）
文献编号	[85]
作者	Lyu 等人
创新性	在联邦学习中融入公平性
安全性	三层洋葱式加密
激励	无。各方遵守规律，公平运作，以获得更好的模型
可扩展性	联邦学习模型的多重优化
特点	每个参与者都收到反映其个人 FL 学习模型贡献，发现和减少低贡献方的影响
后续工作	提高梯度共享阶段的安全性；非监管环境中的公平性量化；缓解对区块链的攻击；使模型可部署到实际应用程序
模型	Ocean 协议
文献编号	[97]
作者	Patnam，Gupta
创新性	人工智能数据存储和传输
安全性	秘密存储功能，数字签名算法
激励	加密服务证明和网络奖励
可扩展性	后续工作
特点	通过服务执行协议获得隐私权
后续工作	硬件信任机制集成；秘密存储节点的安全性；抗量子计算的密码技术

Doku 和 Rawat[82] 提出了一种无需许可的区块链模型，强调质量而不是数量，

并允许研究人员"购买"或"租用"数据。该网络被划分为利益组，每个小组都有一个独特的数据集，可进行利益证明而不是工作量证明。这些小组也能扩展模型。

Ocean 协议是一个用于人工智能数据存储和传输的去中心化区块链平台。该模型使用三层结构，每层都能独立工作，为系统提供访问控制、验证和集成[97]。

由 Kuo 和 Ohno-Machado[65] 提出的 ModelChain，是另一种分散解决方案，可以在私有区块链上保留机器学习框架。事务数据用于传播模型和元信息，例如模型的标志、散列、准确性和误差。每个区块只有一个具有唯一时间戳的事件，并且该操作将区块标记为向模型提交的节点——初始化、更新、求值或传输。该模型的激励机制为信息证明，节点优先级像 boosting 一样分配[1]。该模型为隐私保护预测模型提供了安全性和鲁棒性[65]。

由 Ferrer 等人[69] 提出的 RoboChain，是多个机器人单元使用的学习框架。机器人连接到本地集线器，在验证模型或数据的网络中相互连接。机器人在这个网络中起到节点作用，负责向区块链发送包含重要信息的事件；除此之外，用户还可以与机器人进行交互，以确保生成的数据不会损害他们的隐私。这就形成了一种高效、安全和分散的数据和模型共享模式[69]。

Androulaki 等人[66] 提供了一种能保护机器学习模型数据源隐私的方法。区块链有个假名系统，能让节点在医疗卫生等要求高度隐私的情况下隐藏自己的身份。Shen[83] 提出了安全支持向量机，在将数据记录到分布式账本之前对数据进行本地加密。安全支持向量机还通过使用安全构建块，无需第三方。

在 Lyu 等人[85] 的研究中，区块链使用两种算法（初始基准测试和协作保护隐私）来创建更鲁棒和安全的深度学习网络。在初始基准测试中，各方或节点训练采用局部模型，即差分私有生成对抗网络（Differentially Private Generative Adversarial Network，DPGAN）。生成的样本随后在网络中发布，供其他方根据本地信用和交易点进行标记。该框架还采用三层加密方案来保留系统的准确性、隐私性和鲁棒性。

另一种隐私技术是节点设备将数据存储在星际文件系统中。机器学习算法将每个节点的个性化参数存储在区块链上，并利用节点生成分布式数据。该系统允许用户自定义，而不会危及用户的隐私或安全[67]。

区块链还可以应用于分散传统使用集中式技术构建的机器学习模型，其中单个实体可以访问大型数据集资源，创建复杂的模型，并使用模型结果来解决问题。然而，这种方法也有限制，需要处理大量数据、单点故障以及无法扩展。

这种去中心化机制可以扩展机器学习的实际应用。使用基于区块链的去中心化框架，可以在不影响多架无人机间的协作预测分析和智能决策的情况下，实现安全性和完整性[103]。

区块链的基本性质是提供分布式系统，同时兼顾安全和隐私。区块链去中心化机器学习模型可以批量验证并存储数据，用于培训，防止数据被篡改，并要求运营商提供证明，提高数据可用性。区块链还可以提供可靠和安全的方法来共享模型参数和元数据，例如使用哪批数据来训练模型[84]。

区块链还可以解决联合学习中的隐私问题，支持上传和共享模型的训练和知识，如 Deep Chain 所示[70]。利用受激励的人工处理事件并更新本地训练和参数，同时通过创建事件汇聚来自不信任方的本地中间梯度；使用加密技术来确保机密性和可审查性；采用协作培训、超时检查和罚款等机制来推动参与者之间的公平行为。

现代学习算法通常依靠云数据库来存储训练和测试所需的大量数据；然而，此类数据库通常难以对数据完整性进行便捷检查。Vainshtein 和 Gudes[104] 提出了基于工作量证明的区块链和云平台之间的交互，以利用分布式表格和轻量级软件单元，可监控云数据库存储节点的所有变化情况。这些软件单元向区块链审查发布所有数据库操作活动。云提供商有权访问元数据，以检查事件是否损坏，并在检测到情况时进行处理。

最后，区块链还可以在机器学习模型的决策过程中获得更多的信任。随着算法越来越先进，其决策过程也越来越复杂，人类也越加难以理解。区块链可以用来记录算法的决策过程和结果，这些过程是不可变和透明的，任何人都可以查看并验证或审查决策过程[50]。

Wang[68] 提出了一个框架，通过以下四部分内容来提供信任：核心机器学习算法将运行数据；托管算法计算环境的服务器和流层；托管机器学习活动的智能合约层；仅用于存储框架结果的其他区块链。因此，一台机器可以通过不同机器上的区块链实现多个线程，然后访问相同的结果。

从本质上讲，区块链可以解决机器学习中的遗留问题，也可以应用于大数据和数据科学。区块链保护交易和提供分散框架的能力值得高度重视，也预示着未来将实现快速发展。

7.6.2 机器学习改进区块链解决方案

如前文所述，区块链解决方案仍遭到各种攻击，机器学习提供了一种可能的解决方案来缓解其中某些攻击。机器学习算法可用于检测区块链攻击，以便采取预防措施。例如，机器学习可以处理和共享敏感数据的区块链[64]。此外，可以在各个网络节点之间共享结果。一旦达成共识，数据在加密后被添加到网络的新区块中，并且密钥只分发给选定方[49]。

机器学习也可以检测区块链异常系统，因为攻击也可能发生在不同的网络节点上。与其他节点不同，该模型使用有关独立节点和分支节点的信息来作出决策。当一个节点识别到攻击时，会共享网络信息，其他节点可以使用机器学习算法来检测类似的攻击[63]。使用机器学习技术来提高区块链模型安全性的应用总览见表 7.2。

机器学习还能确保最终用户和虚拟节点之间的网络安全数据共享。Tsolakis 等人[62] 提出了一种系统，基于雾侧赋能的智能设备[81] 在用户端执行，智能合约在生产者端生效，以确保交易安全。

**表 7.2　使用机器学习技术来提高区块链模型安全性的应用总览
（其中最后两项主要关注智能合约）**

模型	NA
文献编号	[48]
作者	Yin 和 Vatrapu
创新性	实体识别，根据交易数据识别罪犯
特点	基于共同花费、智能和行为的聚类；识别 12 种实体和交易类型
后续工作	提高模型的准确性；考虑不同数据；自动化数据清理过程
模型	LaaS：法律即服务
文献编号	[52]
作者	Wasim 等人
创新性	在区块链上执行概率因素模型，用于识别在线合同中的违约行为
特点	自动发布法院强制令；基于因子加载和随机建模；对不可否认性的保护
后续工作	t 检验失败时 Memcached 的抗失败能力
模型	用于区块链监控的自组织地图
文献编号	[61]
作者	Chawathe
创新性	模块化安全工具，可与其他工具一起使用
特点	识别异常行为；采用数据管理器和交互式可视化器
后续工作	除比特币以外的区块链泛化；提高效率
模型	OpenADR2.0：基于区块链技术的安全可信的需求
文献编号	[62]
作者	Tsolakis 等人
创新性	通过开放式 DR 系统的组合实现可互操作和安全的能源交易
特点	使用 DELTA 安全框架；降低能源价格波动风险；自主 P2P 合约；通过专用去中心化应用访问智能合约
后续工作	推广到其他区块链模型；权衡安全效率
模型	BAD：区块链异常检测
文献编号	[63]
作者	Signorini 等人
创新性	历史分散数据加入黑名单攻击特征
特点	收集本地攻击日志，作为分布式恶意事件；针对攻击的威胁数据库
后续工作	实际网络部署；基于 Eclipse 以外的攻击测试
模型	Takagi-Sugeno 模糊认知地图 ANN
文献编号	[71]
作者	Chen
创新性	降维可追溯链算法
特点	正向和反向审查；不相关数据的消除；共识影响的量化
后续工作	深度学习集成 hash-cash 算法的改进；与其他模糊技术的测试；领域知识的融合

（续）

模型	人工智能证明
文献编号	[107]
作者	Chen 等人
创新性	基于人工智能的超节点选择技术，使用 CNN 评估交易数量和选出超阈值的对象。
特点	比三大证明算法资源消耗少；节点能力机制缩短共识周期；利用每个节点的互补信息；用于保证安全的动态阈值
后续工作	形成完整的共识协议；与现有的各种区块链网络集成

模型	移动区块链中的最优竞价
文献编号	[108]
作者	Luong 等人
创新性	基于深度神经网络的最优竞价边缘计算资源管理
特点	最大化边缘计算服务提供商的收入；挖掘估值用作输入数据；降低网络损耗
后续工作	无表征结果的多资源单元人工神经网络构造推广

模型	深度学习智能合约
文献编号	[110]
作者	Demertzis 等人
创新性	基于深度自编码器的区块链安全体系结构异常检测
特点	双边交通控制可靠，低需求的异常检测系统；实时关键防御机制；计算最优数据集阈值，提高分类结果
后续工作	深度协议自动编码器参数的进一步优化；IIoT 设备状态分类的改进；自动化再培训、改进和提高技术；新增横断面异常分析系统；结合大数据技术

  Wasim 等人[52] 提出了一种基于概率的因子模型（Probability-Based Factor Model，PFM），该模型采用无监督机器学习进行因素分析和随机建模。该模型在区块链上实现，用于执行双因素身份验证、识别数据泄露事件，并预测此类泄露事件在未来发生的概率。此外，机器学习算法还可以识别区块链中的数据泄露事件。某些区块链可能需要针对环境训练特定的算法以提高效率：在 Yin 和 Vatrapu 的研究[48]中，专门针对比特币架构的网络犯罪活动数据训练了一个模型，该模型能够根据先前的调查对一系列可疑地址进行分析和分类。因此，该原型既可以识别某个地址的犯罪行为，又可以将地址标记为未来可能进行欺诈活动的对象。

  此外，机器学习还可识别区块链中的实体。分类模型可将区块链活动分为正常或恶意活动，其中恶意活动可能是广泛或有针对性的。可以根据特定的应用程序在区块链实现这些算法（例如，多数挖掘的分布式聚集服务攻击需要在更新链之前识别恶意节点）。机器学习算法还可以识别特定用例，例如与勒索软件相关的节点。

  区块链匿名性带来的主要问题是难以追踪欺诈交易。Chen 在文献 [71] 的研究中使用人工神经网络和模糊认知图作为可追溯链算法。通过使用推理机制，该算法可以舍弃无用的数据，比共识算法运行得更快。

在区块链应用中，机器学习的主要应用是缓解不同层次区块链上发生的攻击。机器学习既可以检测和预防攻击，也可以根据算法的训练内容来实现。未来需要改进区块链的安全应用。

区块链还可以与自组织地图（SOM）结合使用，自组织地图充当监控系统，无需外部控制。机器学习算法可以识别类似或重现以往事件的模式。它们还可以与相邻节点通信，以检测网络事件[61]。

区块链网络面临的另一个常见问题是能源效率问题。为了解决这些问题，Chen等人[107]提出了一种名为"人工智能证明（PoAI）"的模型，该模型由两类节点组成：随机节点和计算能力更强的超级节点。超级节点可以更快达成共识，但随机节点的存在是为了保证公平性；这两种节点都是由卷积神经网络（CNN）框架提取每个节点的信息、计算每个节点预测的平均交易量并根据阈值将节点分为超级节点或随机节点。该框架大大缩短了达成共识的时间。

在移动区块链中，由于节点的计算能力较弱，资源分配和能耗问题更加突出。Luong等人[108]提出了一种基于竞价的边缘资源分配机制，让边缘计算服务提供商为移动设备提供卸载挖掘任务服务。挖掘者对服务进行竞价，并构建和自主更新多层神经网络，以快速收敛到能源和资源效率最优的解决方案。

智能合约中的机器学习应用

正如7.4.3节所述，智能合约经常被应用于区块链，以增加一层安全性，防止拒止行为。尽管智能合约展现出了巨大潜力，但是由于缺乏法律效力、代码不可更改的限制以及之前提到的实施复杂性，在实际应用中实现完全自动化的智能合约是很复杂的。智能合约本身无法弥补许多合同所需的模糊性、灵活性和独特性。在这里，机器学习可以帮助改进智能合约：自然语言处理（NLP）是机器学习的一个子集，可以执行命名实体识别、语义解析和词义消歧等任务，可以自动化智能合约的需求生成过程。

机器学习还可以应用于智能合约，以分析交易历史并映射频繁出价者的模式来优化功能。例如，McMillan[109]使用神经网络对大量物联网设备的数据进行分析，并将数据映射为加权关系，以研究网络的能源基础设施和需求。这有可能实现能源市场拍卖自动化，并优化区块链能源资源。Demertzis等人[110]提出了一种深度自动编码器神经网络（DANN）架构来处理工业4.0中的异常检测，该深度自动编码器神经网络是在使用双边流量控制协议的智能合同的区块链框架中训练的。神经网络的作用更像是一种自主结构元件而非支撑框架。该系统由三个层次组成：授权层、联合层和覆盖层，以及一个全球运行的完全去中心化的授权系统。授权层通过表达安全策略、使用资源、命名空间、实体和委托信任来提供各种访问。授权层是能够授予、重置或删除访问权限的独立单元。联合层对授权层起作用并提供发布/订阅功能。覆盖层在现有的物理层之上构建物联网设备之间的网络，包括通信网络和区块链网络。当系统中的某个规则触发智能合约，例如一个设备请求向另一个设备发送信息时，智能合约将路由连接到云服务，提取云服务功能并呈现到经过训练的 DANN。该模型根据重构误差阈值预测该操作或流量是否正常。若异常，则隐藏网络交易，并向安全运营中心发送警报；若正常，则照常发送流量。

7.7 未来工作

近年来，网络安全领域的机器学习和区块链应用受到大量关注，这是个相对较新的方向。这两项技术目前正在高速发展。后续研究需要结合区块链和机器学习解决方案进行进一步研究，提高可靠性、可扩展性以及对当前应用的适用性。本节将探讨未来研究方向，旨在将机器学习技术与区块链网络相结合，以提高网络安全。

正如前几节所讨论的，网络安全领域面临的一个重大问题是现实场景每天都在发生变化。为针对某种攻击的解决方案往往会让网络暴露出其他漏洞，在这种情况下，区块链容易受到攻击，尤其是在应用层。尽管机器学习可以识别区块链安全漏洞，但到目前为止，还无法对大量高维数据的机器学习算法进行训练。此外，要么需要手动为训练模型提供数据标签，要么需要手动为模型输出提供标签，在不了解结果的情况下，在安全应用中进行无监督学习是不现实的。这就是机器学习在网络安全应用中要解决的主要问题。只要攻击者能找到新的攻击方式，预先训练好的机器学习算法就很难奏效，而且由于资源和数据限制，持续对算法进行重新训练是不可行的。因此，需要进一步研究机器学习算法在空间、时间上的扩展性。

同样，共识协议的效率也还需改进，并且已经开始研究为区块链应用构建适当的共识机制。不过，如何在共识机制中充分利用机器学习还未有学者进行探讨。在 Bravo-Marquez[111] 提出的模型中，共识机制确实使用了机器学习，各种资源被用于解决实际的机器学习任务，而非仅用于解决各类散列主题。然而，这种设置需要结合预防机制。Chenli[51] 针对基于机器学习的共识任务进行了研究，但是研究提出的模型具有区块生成延迟而且容易受到恶意请求者的攻击。研究遇到的其他问题还有：很难在训练复杂度和达成共识所需工作量之间找到平衡。因为训练复杂性越高，延迟时间就越长，需要的资源就越多；训练复杂度低又容易被伪造多数共识。

区块链开发过程中面临的另一个主要问题是可扩展性。在传统的网络中，随着时间的推移，区块链大小不断增加，每个节点都预期要存储整个区块链，实际上，最长的链通常是首选。因此，大多数传统网络无法在不产生高成本的情况下快速处理大量交易，这是区块链越来越受关注的问题。相关技术包括将区块链分成更易管理的区块，例如闪电协议和区块链分片[112]。将网络分割成多个部分，每个部分都包含各自的状态和交易历史。负责管理特定分区的节点只维护各自分区的信息；它们不需要加载整个区块链，而是将链路分割为并行子链。在分区技术的复杂性方面，机器学习解决方案可以完美适用。此外，机器学习还可用于区块链分片和修改解决方案。这些算法能识别出哪些交易可以从区块链中删除（如时间久远），而不会影响系统的安全性。

此外，本章提到的解决方案能作用于现实关键系统，但是这些系统的基础设施与最新发展不兼容。区块链需要足够数量的去中心化节点来支持共识机制。除了能够容纳区块链的去中心化存储外，基础设施还应包含学习所需的模型和数据。虽然区块链不需要网络管理员，但使用案例可能需要中央管理员或质量控制员，必须为此提供空间。最后，某些网络可能需要升级硬件来支持区块链的通信协议。这些更新可能成本高昂，而且即便收益大于支出，也需要系统暂时离线，这对某些关键应用程序而言是不可行的。研发区块链网络优化产品正在进行中，包括虚拟机基础设施，这项技术的开发应考虑到实施解决方案方面。

正如之前所述，智能合约是自动化协议，尚未具有法律约束力，但预计可以防止拒绝交易等问题。当规则被违反时，自动触发智能合约并扣缴违规者"罚款"。然而，尽管重复的合同可以自动化并触发特定操作，但许多智能合约需要从头开始设计，以适应不断变化的需求，也就是说，智能合约需要协商、编码并进行功能测试。这是个复杂且耗时的过程。Regnath 和 Steinhorst[73] 提出创建基于自然语言的智能合约，使其更容易让人理解；SmartCoNat 虽然主要使用人类可读的语言，但也包括严格的规则，如清晰的代码结构和限制别名以避免自然语言中的歧义。尽管这样能让合约更易于阅读，但这种语言既没有创建简化规则，也没有将过程自动化。虽然已经对自动化编写智能合约的代码进行了研究，但有迹象表明，机器学习技术如自然语言处理，可能实现更多的功能。智能合约具有完全自动化潜力，包括使用自然语言处理进行谈判。这些系统将会解析用户与服务提供商之间的整个对话，或是以代表方的最佳利益为出发点，自行完成整个谈判过程。当然，这样的系统目前完全是推测性的，需要进一步发展自然语言处理技术才能实现。

7.8 结论

总之，区块链和机器学习在安全应用领域均取得了显著发展。然而，单独使用时，两者都容易受到攻击，并且无法以最有效的方式管理资源。将这两种技术结合起来，可以消除或减少两者的短板。未来需要进行更多的研究，开发区块链 - 机器学习解决方案。重点研究以下三个方面：①解决方案的可扩展性；②对多个用例的泛化；③与现有实时系统的集成方法。

参考文献

[1] Freund, Y., and Schapire, R.E. (1996). Experiments with a new boosting algorithm. In *Proceedings of ICML*. 96, 148-156.

[2] Szabo, N. (1997). Formalizing and securing relationships on public networks. *First Monday*, 2, 9. DOI: 10.5210/fm.v2i9.548.

[3] Blaze, M., Feigenbaum, J., Ioannidis, J., and Keromytis, A.D. (1999). The role of trust management in distributed systems security. *Secure Internet Programming*, 1, 185-210. DOI: 10.1007/3-540-48749-2_8.

[4] Back, A. (2002). Hashcash—A denial of service counter-measure.

[5] CNN.com - MyDoom worm spreads as attack countdown begins, Jan. 29, 2004. Available at: https://edition.cnn.com/2004/TECH/internet/01/29/mydoom.future.reut/ [accessed Aug 13, 2021].

[6] Mukkamala, S., Sung, A., and Abraham, A. (2005). Cybersecurity challenges: Designing efficient intrusion detection systems and antivirus tools. Vemuri, V. Rao, Enhancing Computer Security with Smart Technology. 125-163.

[7] Stolfo, S.J., Hershkop, S., Bui, L.H., Ferster, R., and Wang, K. (2005). Anomaly detection in computer security and an application to file system accesses. In *Proceedings of ISMIS*. 5, 14-28. DOI: 10.1007/11425274_2.

[8] Chandrasekaran, M., Narayanan, K., and Upadhyaya, S. (2006). Phishing email detection based on structural properties. In *Proceedings of 9th Annual NYS Cyber Security Conference*, Albany. 2-8.

[9] Benevenuto, F., Rodrigues, T., Almeida, V., Almeida, J., Zhang, C., and Ross, K. (2008). Identifying video spammers in online social networks. In *Proceedings of the 4th International Workshop on Adversarial Information Retrieval on the Web*. 4, 45-52.

[10] Bose, A., Hu, X., Shin, K.G., and Park, T. (2008). Behavioral detection of malware on mobile handsets. In *Proceedings of the 6th International Conference on Mobile Systems, Applications, and Services*, Breckenridge, CO, USA. 6, 225-238. DOI: 10.1145/1378600.1378626.

[11] Nakamoto, S. (2008). A peer-to-peer electronic cash system. Available at: https://bitcoin.org/bitcoin. [accessed July 05, 2021].

[12] McKeown, N. (2009). Keynote talk: Software-defined networking. In *Proceedings of IEEE INFOCOM*, Rio de Jenerio, Brazil. 9.

[13] Wu, C.H. (2009). Behavior-based spam detection using a hybrid method of rule-based techniques and neural networks. *Expert Systems With Applications*, 36(3), 4321-4330. DOI: 10.1016/j.eswa.2008.03.002.

[14] Abu-Nimeh, S., and Chen, T. (2010). Proliferation and detection of blog spam. *IEEE Security & Privacy*, 8(5), 42-47. DOI: 10.1109/MSP.2010.113.

[15] Amayri O., and Bouguila, N. (2010). A study of spam filtering using support vector machines. *Artificial Intelligence Review*, 34(1), 73–108. DOI: 10.1007/s10462-010-9166-x.

[16] Atzori, L., Iera, A., and Morabito, G. (2010). The internet of things: A survey. *Computer Networks*, 54(15), 2787-2805. DOI: 10.1016/j.comnet.2010.05.010.

[17] Biggio, B., Fumera, G., Pillai, I., and Roli, F. (2011). A survey and experimental evaluation of image spam filtering techniques. *Pattern Recognition Letters*, 32(10), 1436–1446. DOI: 10.1016/j.patrec.2011.03.022.

[18] Barber, S., Boyen, X., Shi, E., and Uzun, E. (2012). Bitter to better—how to make bitcoin a better currency. In *Proceedings of International Conference on Financial Cryptography and Data Security*, Eds Keromytis, A.D., Springer, Heidelberg, Berlin. 7397, 399-414. DOI: 10.1007/978-3-642-32946-3_29.

[19] Tank, G.P., Dixit, A., Vellanki, A., and Annapurna, D. (2012). Software-defined networking: The new norm for networks. In *Proceedings of Tank2021SoftwareDefinedNN*. 2(2-6), 11.

[20] Jiuxin, C., Dan, D., and Tianfeng, M.B.W. (2013). Phishing detection method based on URL features. *Journal of Southeast University (English Edition)*, 29(02), 134-138. DOI: 10.3969/j.issn.1003-7985.2013.02.005.

[21] Johnson, L. (2013). *Computer Incident Response and Forensics Team Management: Conducting a Successful Incident Response*, Eds Kessler, M. Newnes. DOI: 10.1016/C2012-0-01092-7.

[22] Kreutz, D., Ramos, F.M., and Verissimo, P. (2013). Towards secure and dependable software-defined networks. In *Proceedings of the 2nd ACM SIGCOMM Workshop on Hot Topics in Software-Defined Networking*. 55-60. DOI: 10.1145/2491185.2491199.

[23] Eyal, I., and Sirer, E.G. (2014). Majority is not enough: Bitcoin mining is vulnerable. In *Proceedings of International Conference on Financial Cryptography and Data Security*. 436-454. DOI: 10.1007/978-3-662-45472-5_28.

[24] Wang, Z.J., Liu, Y., and Wang, Z.J. (2014). Email filtration and classification based on variable weights of the Bayesian algorithm. In *Applied Mechanics and Materials*, 503, 2111–2114. DOI: 10.4028/www.scientific.net/AMM.513-517.2111.

[25] Zangerle, E., and Specht, G. (2014). "Sorry, I was hacked" A classification of compromised twitter accounts. In *Proceedings of the 29th Annual ACM Symposium on Applied Computing*. ACM. 29, 587-593. DOI: 10.1145/2554850.2554894.

[26] Zhang, Y., and Wen, J. (2015). An IoT electric business model based on the protocol of bitcoin. In *Proceedings of the 2015 18th International*

Conference on Intelligence in Next-Generation Networks. IEEE. 184-191. DOI: 10.1109/ICIN.2015.7073830.

[27] Ali, M., Nelson, J., Shea, R., and Freedman, M.J. (2016). Blockstack: A global naming and storage system secured by Blockchains. *In Proceedings of 2016 {USENIX} Annual Technical Conference*, Denver, CO, USA. 181-194.

[28] Benshoof, B., Rosen, A., Bourgeois, A.G., and Harrison, R.W. (2016). Distributed decentralized domain name service. In *Proceedings of the 2016 IEEE International Parallel and Distributed Processing Symposium Workshops (IPDPSW)*. IEEE. 1279-1287. DOI: 10.1109/IPDPSW.2016.109.

[29] Christidis, K., and Devetsikiotis, M. (2016). Blockchains and smart contracts for the Internet of Things. *IEEE Access*, 4, 2292-2303. DOI: 10.1109/ACCESS.2016.2566339.

[30] Idelberger, F., Governatori, G., Riveret, R., and Sartor, G. (2016). Evaluation of logic-based smart contracts for Blockchain systems. In *Proceedings of the International Symposium on Rules and Rule Markup Languages for the Semantic Web*. Eds Alferes, J., Bertossi, L., Governatori, G., Fodor, P., Roman, D., Springer, Cham. 9718, 167-183.

[31] Koulu, R. (2016). Blockchains and online dispute resolution: smart contracts as an alternative to enforcement. *SCRIPTed*, 13, 40.

[32] Anwar, S., Mohamad Zain, J., Zolkipli, M.F., Inayat, Z., Khan, S., Anthony, B., and Chang, V. (2017). From intrusion detection to an intrusion response system: Fundamentals, requirements, and future directions. *Algorithms*, 10, 39. DOI: 10.3390/a10020039.

[33] Aleroud, A., and Karabatis, G. (2017). Contextual information fusion for intrusion detection: A survey and taxonomy. *Knowledge and Information Systems*, 52(3), 563-619. DOI: 10.1007/s10115-017-1027-3.

[34] Basnet, S.R., and Shakya, S. (2017). BSS: Blockchain security over software-defined network. In *Proceedings of the 2017 International Conference on Computing, Communication and Automation (ICCCA)*. IEEE. 720-725. DOI: 10.1109/CCAA.2017.8229910.

[35] Bozic, N., Pujolle, G., and Secci, S. (2017). Securing virtual machine orchestration with Blockchains. In *Proceedings of the 2017 1st Cyber Security in Networking Conference)*. 1, 1-8. DOI: 10.1109/CSNET.2017.8242003.

[36] Schatz, D., Bashroush, R., and Wall, J. (2017). Towards a more representative definition of cybersecurity. *Journal of Digital Forensics, Security and Law*, 12(2), 53-74. DOI: 10.15394/jdfsl.2017.1476.

[37] Kshetri, N., and Voas, J. (2017). Do crypto-currencies fuel ransomware? *IT Professional*, 19(5), 11-15. DOI: 10.1109/MITP.2017.3680961.

[38] Wang, X., Li, K., Li, H., Li, Y., and Liang, Z. (2017). ConsortiumDNS: A distributed domain name service based on consortium chain. In *Proceedings of the 2017 IEEE 19th International Conference on High Performance Computing and Communications; IEEE 15th International Conference on Smart City; IEEE 3rd International Conference on Data Science and Systems (HPCC/SmartCity/DSS)*. 617-620. DOI: 10.1109/HPCC-SmartCity-DSS.2017.83.

[39] Niu, Y., Wei, L., Zhang, C., Liu, J., and Fang, Y. (2017). An anonymous and accountable authentication scheme for Wi-Fi hotspot access with the Bitcoin Blockchain. In *Proceedings of the 2017 IEEE/CIC International Conference on Communications in China (ICCC)*. IEEE. 1-6. DOI: 10.1109/ICCChina.2017.8330337.

[40] Sillaber, C., and Waltl, B. (2017). Life cycle of smart contracts in Blockchain ecosystems. *Datenschutz und Datensicherheit-DuD*, 41(8), 497-500. DOI: 10.1007/s11623-017-0819-7.

[41] Rodrigues, B., Bocek, T., Lareida, A., Hausheer, D., Rafati, S., and Stiller, B. (2017). A Blockchain-based architecture for collaborative DDoS mitigation with smart contracts. In *Proceedings of the IFIP International Conference on Autonomous Infrastructure, Management and Security* Eds Tuncer, D., Koch, R., Badonnel, R., Stiller, B., Springer, Cham. 16-29. DOI: 10.1007/978-3-319-60774-0_2.

[42] Panisi, F. (2017). Blockchain and smart contracts: FinTech innovations to reduce the costs of trust. DOI: 10.2139/ssrn.3066543.

[43] Xu, L., Shah, N., Chen, L., Diallo, N., Gao, Z., Lu, Y., and Shi, W. (2017). Enabling the sharing economy: Privacy respecting contract based on public Blockchain. In *Proceedings of the ACM Workshop on Blockchain, Cryptocurrencies and Contracts*. ACM. 15–21. DOI: 10.1145/3055518.3055527.

[44] Liang, X., Shetty, S., Tosh, D., Kamhoua, C., Kwiat, K., and Njilla, L. (2017). Provchain: A Blockchain-based data provenance architecture in a cloud environment with enhanced privacy and availability. In *Proceedings of the 2017 17th IEEE/ACM International Symposium on Cluster, Cloud and Grid Computing (CCGRID)*. IEEE. 468-477. DOI: 10.1109/CCGRID.2017.8.

[45] Pinno, O.J.A., Gregio, A.R.A., and De Bona, L.C. (2017). Control chain: Blockchain as a central enabler for access control authorizations in the IoT. In *Proceedings of the GLOBECOM 2017-2017 IEEE Global Communications Conference*. IEEE. 1-6. DOI: 10.1109/GLOCOM.2017.8254521.

[46] Yue, L., Junqin, H., Shengzhi, Q., and Ruijin, W. (2017). Big data model of security sharing based on Blockchain. In *Proceedings of the 2017 3rd International Conference on Big Data Computing and Communications (BIGCOM)*. IEEE. 117-121. DOI: 10.1109/BIGCOM.2017.31.

[47] Cai, C., Yuan, X., and Wang, C. (2017). Hardening distributed and encrypted keyword search via Blockchain. In *Proceedings of the 2017 IEEE Symposium on Privacy-Aware Computing (PAC)*. IEEE. 119-128. DOI: 10.1109/PAC.2017.36.

[48] Yin, H.S., and Vatrapu, R. (2017). A first estimation of the proportion of cybercriminal entities in the bitcoin ecosystem using supervised machine learning. In *Proceedings of the 2017 IEEE International Conference on Big Data (Big Data)*. IEEE. 3690-3699. DOI: 10.1109/BigData.2017.8258365.

[49] Alexopoulos, N., Vasilomanolakis, E., Ivánkó, N.R., and Mühlhäuser, M. (2017). Towards Blockchain-based collaborative intrusion detection systems. In *Proceedings of the International Conference on Critical Information Infrastructures Security*. Eds D'Agostino, G., Scala, A., Springer, Cham. 107-118. DOI: 10.1007/978-3-319-99843-5_10.

[50] Alexopoulos, N., Daubert, J., Mühlhäuser, M., and Habib, S.M. (2017). Beyond the hype: On using Blockchains in trust management for authentication. In *Proceedings of the 2017 IEEE Trustcom/BigDataSE/ICESS*. IEEE. 546-553. DOI: 10.1109/Trustcom/BigDataSE/ICESS.2017.283.

[51] Chenli, C., Li, B., Shi, Y., and Jung, T. (2019). Energy-recycling Blockchain with proof-of-deep-learning. In *Proceedings of the 2019 IEEE International Conference on Blockchain and Cryptocurrency (ICBC)*. IEEE. 19-23. DOI: 10.1109/BLOC.2019.8751419.

[52] Wasim, M.U., Ibrahim, A.A., Bouvry, P., and Limba, T. (2017). Law as a service (LaaS): Enabling legal protection over a Blockchain network. In *Proceedings of the 2017 14th International Conference on Smart Cities: Improving Quality of Life Using ICT and IoT (HONET-ICT)*. IEEE. 110-114. DOI: 10.1109/HONET.2017.8102214.

[53] Apruzzese, G., Colajanni, M., Ferretti, L., Guido, A., and Marchetti, M. (2018). On the effectiveness of machine and deep learning for cybersecurity. In *Proceedings of the 2018 10th International Conference on Cyber-Conflict (CyCon)*. IEEE. 371-390. DOI: 10.23919/CYCON.2018.8405026.

[54] Wüst, K., and Gervais, A. (2018). Do you need a Blockchain? In *Proceedings of the 2018 Crypto Valley Conference on Blockchain Technology (CVCBT)*. IEEE. 45-54. DOI: 10.1109/CVCBT.2018.00011.

[55] Saritekin, R.A., Karabacak, E., Durgay, Z., and Karaarslan, E. (2018). Blockchain-based secure communication application proposal: Cryptouch. In *Proceedings of the 2018 6th International Symposium on Digital Forensic and Security (ISDFS)*. IEEE. 1-4. DOI: 10.1109/ISDFS.2018.8355380.

[56] Yohan, A., Lo, N.W., and Achawapong, S. (2018). Blockchain-based firmware update framework for internet-of-things environment. In

Proceedings of the International Conference on Information and Knowledge Engineering (IKE). WorldCOM. 151-155.

[57] Gupta, Y., Shorey, R., Kulkarni, D., and Tew, J. (2018). The applicability of Blockchain in the Internet of Things. In *Proceedings of the 2018 10th International Conference on Communication Systems and Networks (COMSNETS)*. IEEE. 561-564. DOI: 10.1109/COMSNETS.2018.8328273.

[58] Gu, J., Sun, B., Du, X., Wang, J., Zhuang, Y., and Wang, Z. (2018). Consortium Blockchain-based malware detection in mobile devices. *IEEE Access*, 6, 12118-12128. DOI: 10.1109/ACCESS.2018.2805783.

[59] Chow, S.S., Lai, Z., Liu, C., Lo, E., and Zhao, Y. (2018). Sharding Blockchain. In *Proceedings of the 2018 IEEE International Conference on Internet of Things (iThings) and IEEE Green Computing and Communications (GreenCom) and IEEE Cyber, Physical and Social Computing (CPSCom) and IEEE Smart Data (SmartData)*. IEEE. 1665-1665. DOI: 10.1109/Cybermatics_2018.2018.00277.

[60] Zheng, Z., Xie, S., Dai, H.N., Chen, X., and Wang, H. (2018). Blockchain challenges and opportunities: A survey. *International Journal of Web and Grid Services*, 14(4), 352-375. DOI: 10.1504/IJWGS.2018.095647.

[61] Chawathe, S. (2018). Monitoring Blockchains with self-organizing maps. In *Proceedings of the 2018 17th IEEE International Conference on Trust, Security and Privacy in Computing and Communications/12th IEEE International Conference on Big Data Science and Engineering (TrustCom/BigDataSE)*. IEEE. 1870-1875. DOI: 10.1109/TrustCom/BigDataSE.2018.00283.

[62] Tsolakis, A.C., Moschos, I., Votis, K., Ioannidis, D., Dimitrios, T., Pandey, P., ... and García-Castro, R. (2018). A secured and trusted demand response system based on Blockchain technologies. In *Proceedings of the 2018 Innovations in Intelligent Systems and Applications (INISTA)*. IEEE. 1-6. DOI: 10.1109/INISTA.2018.8466303.

[63] Signorini, M., Pontecorvi, M., Kanoun, W., and Di Pietro, R. (2018). Bad: Blockchain anomaly detection. *IEEE Access*, 8, 173481-173490. DOI: 10.1109/ACCESS.2020.3025622.

[64] Meng, W., Tischhauser, E.W., Wang, Q., Wang, Y., and Han, J. (2018). When intrusion detection meets Blockchain technology: A review. *IEEE Access*, 6, 10179-10188. DOI: 10.1109/ACCESS.2018.2799854.

[65] Kuo, T.T., and Ohno-Machado, L. (2018). Modelchain: Decentralized privacy-preserving healthcare predictive modeling framework on private Blockchain networks. *arXiv preprint*. arXiv: 1802.01746.

[66] Androulaki, E., Cocco, S., and Ferris, C. (2018). Private and confidential transactions with hyperledger fabric. *IBM Developer Works*.

[67] Singla, K., Bose, J., and Katariya, S. (2018). Machine learning

for secure device personalization using Blockchain. In *Proceedings of the 2018 International Conference on Advances in Computing, Communications and Informatics (ICACCI)*. IEEE. 67-73. DOI: 10.1109/ICACCI.2018.8554476.

[68] Wang, T. (2018). A unified analytical framework for trustable machine learning and automation running with Blockchain. In *Proceedings of the 2018 IEEE International Conference on Big Data (Big Data)*. IEEE. 4974-4983. DOI: 10.1109/BigData.2018.8622262.

[69] Ferrer, E.C., Rudovic, O., Hardjono, T., and Pentland, A. (2018). Robochain: A secure data-sharing framework for human-robot interaction. *arXiv preprint*. arXiv: 1802.04480.

[70] Weng, J., Weng, J., Zhang, J., Li, M., Zhang, Y., and Luo, W. (2019). Deep chain: Auditable and privacy-preserving deep learning with Blockchain-based incentive. *IEEE Transactions on Dependable and Secure Computing*, 18(5), 2438-2455. DOI: 10.1109/TDSC.2019.2952332.

[71] Chen, R.Y. (2018). A traceability chain algorithm for artificial neural networks using T–S fuzzy cognitive maps in Blockchain. *Future Generation Computer Systems*, 80, 198-210. DOI: 10.1016/j.future.2017.09.077.

[72] Mylrea, M. (2018). AI-enabled Blockchain smart contracts: Cyber resilient energy infrastructure and IoT. In *Proceedings of the AAAI Spring Symposium Series*.

[73] Regnath, E., and Steinhorst, S. (2018). SmaCoNat: Smart contracts in natural language. In *Proceedings of the 2018 Forum on Specification and Design Languages (FDL)*. IEEE. 5-16. DOI: 10.1109/FDL.2018.8524068.

[74] Khraisat, A., Gondal, I., Vamplew, P., and Kamruzzaman, J. (2019). Survey of intrusion detection systems: Techniques, datasets and challenges. *Cybersecurity*, 2(1), 1-22. DOI: 10.1186/s42400-019-0038-7.

[75] Torres, J.M., Comesaña, C.I., and Garcia-Nieto, P.J. (2019). Machine learning techniques applied to cybersecurity. *International Journal of Machine Learning and Cybernetics*, 10(10), 2823-2836. DOI: 2823–2836 (2019). https://doi.org/10.1007/s13042-018-00906-1.

[76] Ismail, L., and Materwala, H. (2019). A review of Blockchain architecture and consensus protocols: Use cases, challenges, and solutions. *Symmetry*, 11(10), 1198. DOI: 10.3390/sym11101198.

[77] Uriarte, R.B., Tiezzi, F., and De Nicola, R. (2019). Dynamic SLAs for clouds, In *Proceedings of the European Conference on Service-Oriented and Cloud Computing*. Eds Aiello, M., Johnsen, E., Dustar, S., Georgievski, I., Springer, Cham. 34–49. DOI: 10.1007/978-3-319-44482-6_3.

[78] Pillai, A., Sindhu, M., and Lakshmy, K.V. (2019). Securing

firmware in Internet of Things using Blockchain. In *Proceedings of the 2019 5th International Conference on Advanced Computing and Communication Systems (ICACCS)*. IEEE. 329-334. DOI: 10.1109/ICACCS.2019.8728389.

[79] Alotaibi, B. (2019). Utilizing Blockchain to overcome cybersecurity concerns in the internet of things: A review. *IEEE Sensors Journal*, 19(23), 10953-10971. DOI: 10.1109/JSEN.2019.2935035.

[80] Saad, M., Spaulding, J., Njilla, L., Kamhoua, C., Shetty, S., Nyang, D., and Mohaisen, A. (2019). Exploring the attack surface of Blockchain: A systematic overview. *arXiv preprint*. arXiv: 1904.03487.

[81] Kumari, A., Tanwar, S., Tyagi, S., Kumar, N., Obaidat, M.S., and Rodrigues, J.J. (2019). Fog computing for smart grid systems in the 5G environment: Challenges and solutions. *IEEE Wireless Communications*, 26(3), 47-53. DOI: 10.1109/MWC.2019.1800356.

[82] Doku, R., and Rawat, D. (2019). Pledge: A private ledger-based decentralized data-sharing framework. In *Proceedings of the Spring Simulation Conference (SpringSim)*. IEEE. 1-11. DOI: 10.23919/SpringSim.2019.8732913.

[83] Shen, M., Tang, X., Zhu, L., Du, X., and Guizani, M. (2019). Privacy-preserving support vector machine training over Blockchain-based encrypted IoT data in smart cities. *IEEE Internet of Things Journal*, 6(5), 7702-7712. DOI: 10.1109/JIOT.2019.2901840.

[84] Bore, N.K., Raman, R.K., Markus, I.M., Remy, S.L., Bent, O., Hind, M., ... and Weldemariam, K. (2019). Promoting distributed trust in machine learning and computational simulation. In *Proceedings of the 2019 IEEE International Conference on Blockchain and Cryptocurrency (ICBC)*. IEEE. 311-319. DOI: 10.1109/BLOC.2019.8751423.

[85] Lyu, L., Yu, J., Nandakumar, K., Li, Y., Ma, X., and Jin, J. (2019). Towards fair and decentralized privacy-preserving deep learning with Blockchain. *arXiv preprint*. arXiv: 1906.01167, 1-13.

[86] Wang, J., Wang, L., Yeh, W.C., and Wang, J. (2019). Design and analysis of an effective securing consensus scheme for decentralized Blockchain system. In *Proceedings of the International Conference on Blockchain and Trustworthy Systems*. Eds Zheng, Z., Dai, H.N., Tang, M., Chen, X., Springer, Singapore. 212-225. DOI: 10.1007/978-981-15-2777-7_18.

[87] Qin, P., Guo, J., Shen, B., and Hu, Q. (2019). Towards self-automatable and unambiguous smart contracts: Machine natural language. In *Proceedings of the International Conference on e-Business Engineering*. Eds Zheng, Z., Dai, H.N., Tang, M., Chen, X., Springer, Cham. 479-491. DOI: 10.1007/978-981-15-2777-7_18.

[88] Tara, A., Ivkushkin, K., Butean, A., and Turesson, H. (2019). The evolution of Blockchain virtual machine architecture towards an enter-

prise usage perspective. In *Proceedings of the Computer Science On-line Conference*. Eds Silhavy, R., Springer, Cham. 370-379. DOI: 10.1007/978-3-030-19807-7_36.

[89] Alpaydin, E. (2020). *Introduction to Machine Learning, fourth edition (Adaptive Computation and Machine Learning series) (fourth edition)*. The MIT Press. DOI: 10.1017/S0269888906220745.

[90] Salloum, S.A., Alshurideh, M., Elnagar, A., and Shaalan, K. (2020). Machine learning and deep learning techniques for cybersecurity: A review. In *Proceedings of the Joint European-US Workshop on Applications of Invariance in Computer Vision*. Eds Hassanien, A.E., Azar, A., Gaber, T., Oliva, D., Tolba, F., Springer, Cham. 50-57. DOI: 10.1007/978-3-030-44289-7_5.

[91] Sarker, I.H., Kayes, A.S.M., Badsha, S., Alqahtani, H., Watters, P., and Ng, A. (2020). Cybersecurity data science: An overview from machine learning perspective. *Journal of Big Data*, 7(1), 1-29. DOI: 10.1186/s40537-020-00318-5.

[92] Shaukat, K., Luo, S., Varadharajan, V., Hameed, I.A., Chen, S., Liu, D., and Li, J. (2020). Performance comparison and current challenges of using machine learning techniques in cybersecurity. *Energies*, 13(10), 2509. DOI: 10.3390/en13102509.

[93] Taylor, P.J., Dargahi, T., Dehghantanha, A., Parizi, R.M., and Choo, K.K.R. (2020). A systematic literature review of Blockchain cybersecurity. *Digital Communications and Networks*, 6(2), 147-156. DOI: 10.1016/j.dcan.2019.01.005.

[94] Alharbi, T. (2020). Deployment of Blockchain technology in software-defined networks: A survey. *IEEE Access*, 8, 9146-9156. DOI: 10.1109/ACCESS.2020.2964751.

[95] Kim, T.H., and Reeves, D. (2020). A survey of domain name system vulnerabilities and attacks. *Journal of Surveillance, Security and Safety*, 1(1), 34-60. DOI: 10.20517/jsss.2020.14.

[96] Zheng, Z., Xie, S., Dai, H.N., Chen, W., Chen, X., Weng, J., and Imran, M. (2020). An overview on smart contracts: Challenges, advances and platforms. *Future Generation Computer Systems*, 105, 475-491. DOI: 10.1016/j.future.2019.12.019.

[97] Myadam, N.G., and Patnam, B. (2020). Design and implementation of key exchange mechanisms for software artifacts using Ocean protocol. Masters' thesis, Department of Computer Science, Faculty of Computing, Blekinge Institute of Technology.

[98] Kaur, J., and KR, R.K. (2021). The Recent Trends in Cybersecurity: A Review. *Journal of King Saud University-Computer and Information Sciences*. DOI: 10.1016/j.jksuci.2021.01.018.

[99] Novet, J. (2021). Microsoft's big email hack: What happened, who did it, and why it matters. CNBC. Available at: https://www.cnbc.com/202

1/03/09/microsoft-exchange-hack-explained.html [accessed July 23, 2021].

[100] Kilincer, I.F., Ertam, F., and Sengur, A. (2021). Machine learning methods for cybersecurity intrusion detection: Datasets and comparative study. *Computer Networks*, 188, 107840. DOI: 10.1016/j.comnet.2021.107840.

[101] Williams, G. (2021). Bitcoin: A brief price history of the first cryptocurrency. Investing News Network. Available at: https://investingnews.com/daily/tech-investing/Blockchain-investing/bitcoin-price-history/#:%7E:text=Bitcoin%20price%20history%3A%20A%20response,US%24250%20in%20April%202013 [accessed July 30, 2021].

[102] Wani, S., Imthiyas, M., Almohamedh, H., Alhamed, K.M., Almotairi, S., and Gulzar, Y. (2021). Distributed denial of service (DDoS) mitigation using blockchain—A comprehensive insight. *Symmetry*, 13(2), 227. DOI: 10.3390/sym13020227.

[103] Khan, A.A., Khan, M.M., Khan, K.M., Arshad, J., and Ahmad, F. (2021). A Blockchain-based decentralized machine learning framework for collaborative intrusion detection within UAVs. *Computer Networks*, 196, 108217. DOI: 10.1016/j.comnet.2021.108217.

[104] Vainshtein, Y., and Gudes, E. (2021). Use of Blockchain for ensuring data integrity in cloud databases. In *Proceedings of the International Symposium on Cyber Security Cryptography and Machine Learning*. Springer, Cham. 325-335. DOI: 10.1007/978-3-030-78086-9_25.

[105] Kochkarov, A.A., Osipovich, S.D., and Kochkarov, R.A. (2020). Analysis of DDoS attacks on Bitcoin cryptocurrency payment system. *Revista ESPACIOS*, 41(03).

[106] Abu-Nimeh, S., Nappa, D., Wang, X., and Nair, S. (2007). A comparison of machine learning techniques for phishing detection. In *Proceedings of the Anti-Phishing Working Groups 2nd Annual eCrime Researchers' Summit*. ACM. 2, 60-69. DOI: 10.1145/1299015.1299021.

[107] Chen, J., Duan, K., Zhang, R., Zeng, L., and Wang, W. (2018). An AI-based super nodes selection algorithm in Blockchain networks. *arXiv preprint*. arXiv: 1808.00216.

[108] Luong, N.C., Xiong, Z., Wang, P., and Niyato, D. (2018). Optimal auction for edge computing resource management in mobile Blockchain networks: A deep learning approach. In *Proceedings of the 2018 IEEE International Conference on Communications (ICC)*. IEEE. 1-6. DOI: 10.1109/ICC.2018.8422743.

[109] McMillan, R. (2014). The inside story of Mt. Gox, Bitcoin's $460 million disaster. Wired. March, 3. Available at: https://www.wired.com/2014/03/bitcoin-exchange/ [accessed June 29, 2021].

[110] Demertzis, K., Iliadis, L., Tziritas, N., and Kikiras, P. (2020). Anomaly

detection via Blockchained deep learning smart contracts in industry 4.0. *Neural Computing and Applications*, 32(23), 17361-17378. DOI: https://doi.org/10.1007/s00521-020-05189-8.

[111] Bravo-Marquez, F., Reeves, S., and Ugarte, M. (2019). Proof-of-learning: A Blockchain consensus mechanism based on machine learning competitions. In *Proceedings of the 2019 IEEE International Conference on Decentralized Applications and Infrastructures (DAPPCON)*. IEEE. 119-124. DOI: 10.1109/DAPPCON.2019.00023.

[112] Wiki, E. (2018). On sharding Blockchains. Available at: https://github.com/ethereum/wiki/wiki/Sharding-FAQs [accessed July 12, 2021].

第 8 章　基于智能混合网络入侵检测系统的网络威胁实时检测

Said Ouiazzane，Malika Addou，Fatimazahra Barramou

摩洛哥哈桑尼亚公共工程学院（EHTP）系统工程实验室（LaGeS），ASYR 团队

电子邮箱：sa.ouiazzane@gmail.com

摘要

网络犯罪持续威胁着互联网信息系统的安全。与此同时，信息资产的价值日益凸显，已成为各行业、各规模组织机构的核心战略资源。因此，部署入侵检测系统（IDS）对网络事件进行实时监控并预警潜在安全威胁，已成为保护组织免受高昂攻击损失代价的必备措施。本章提出了一种混合、智能、协同的分布式网络入侵检测系统（NIDS），可有效识别针对现代计算机网络的各类的入侵。该系统包含两个部分：第一部分利用人工智能进行异常检测；第二部分检测已知的网络攻击。在网络正常运行期间，使用应用于 CICIDS2017 数据集的决策树（DT）算法对网络基线进行建模，从而实现异常检测。所采用的数据集经过预处理操作，包括清除无限值、缺失值和重复值，以及降低维处理，仅保留最相关特征。

因此，DT 识别正常网络流量的精确率高达 99.9%，误报率极低。此外，由于其多线程功能，Suricata 已被用于检测已知的网络攻击。所提出的混合系统能够识别与基线的偏差，并在检测已知攻击方面表现优异，具有更高的精确性和较低的误报率。

关键词：入侵检测，网络威胁，混合 NIDS，机器学习

8.1　引言

世界正在经历数字化转型时代，所实现的技术是前所未有的。计算机网络是互联网的支柱，其应用已成为每个人生活中不可或缺的一部分。当前，每人至少有一部智能手机可连接到互联网。此外，物联网（IoT）设备的出现推动了计算机网络的扩展和发展。随着这种演进和发展，网络犯罪的形势变得无法控制，攻击面也在扩大。因此，黑客的活动也日渐频繁，他们不断利用连接设备的漏洞，在网络

中开展非法活动。通过网络传递的信息是敏感的，可能会被网络犯罪分子渗透和获取，涉及从协同的僵尸网络到可绕过现有安全策略的简单多态蠕虫等[1]。

因此，网络入侵检测系统（NIDS）现在是监控所部署网络有关行为一个不可或缺的安全模块[2]。

此外，由于通信架构、制造商政策、技术、标准和特定应用服务各不相同，在当前网络环境中部署传统 NIDS 系统极具挑战性[3]。尤其是，零日漏洞攻击可在开发出补丁前，随时多次改变其行为，从而轻松绕过已实施的 NIDS。因此，传统的基于签名检测的 NIDS（SNIDS）在检测零日漏洞攻击方面不再有效，需要定期更新其签名库以检测所有已知入侵的变体，这几乎是不可能的！

为了检测零日入侵和更先进、更复杂的网络攻击，异常检测 NIDS（ADNIDS）现已成为一种趋势，并受到网络安全研究人员越来越高的关注[4]。这类 NIDS 允许通过识别何为正常行为来检测网络行为中的异常。然而，ADNIDS 面临着多个挑战，尤其是在误报和漏报方面产生的大量虚警。此外，缺乏能够表示良性网络流量的可靠数据集使任务更加复杂，并阻碍了 ADNIDS 的发展。在只包括已知网络攻击模式的数据集上测试 NIDS 已无法满足。此外，在近似未知攻击和零日漏洞攻击的数据集上测试 NIDS 也很重要。不过，产生可代表未知和零日漏洞攻击的流量仍然是科学界评估 NIDS 有效性的一个障碍。

研究人员不断提出入侵检测机制。然而，提出的大多数方法却基于难以实现的理论架构和过时的测试数据集。并且，所提出的模型更复杂，并没有利用开源检测系统（如 Suricata 和 Snort）的能力。此外，针对当前的信息系统开展入侵检测不再是一项简单的任务，需要更先进的分析工具。为此，考虑使用多代理范式来最小化系统的复杂性，同时提供最佳的检测性能。

此外，新型入侵检测系统必须以最小的误报率和漏报率识别所有类型的恶意攻击。为此，为建立一个有效的入侵检测系统，传统的 NIDS 必须与基于异常检测的 NIDS 相结合，以从每种 NIDS 的优势上获益。目前的工作旨在利用两类 NIDS：SNIDS 和 ADNIDS。事实上，本章将提出一个混合 NIDS 模型，该模型结合应用了支持异常检测的 ADNIDS 和基于签名来识别已知网络攻击的 SNIDS。该模型基于多代理范式，其中自主、智能、响应式组件称为代理，它们进行通信和协作以检测网络中的入侵。

此外，Suricata 的开源系统作为模型中的一个 SNIDS 模块，这要归功于其不同于单线程 SNIDS 的多线程功能。此外，通过对最新 CICIDS2017 数据集的良性流量进行建模，模型的 ADNIDS 模块可建立在对网络基线建模的基础上。已通过清理 CICIDS2017 数据集并对之实施降维的方式开展了数据集优化，以随后供决策树算法使用。决策树算法被选用为模拟网络正常行为最合适的技术，这是在作者之前的一项工作中对可模拟网络基线的机器学习和深度学习算法进行比较研究之后得出的结论[5]。

8.2 有关工作

入侵检测系统是网络安全的未来，用于保护计算机化基础设施免受网络犯罪的侵害。因此，科学界的研究人员不断提出新的机制和方法来发展这一专业领域。

一些研究工作已对当前入侵检测系统开展了文献综述。特别是，已有作者[6]主要基于机器学习和深度学习技术，对 NIDS 的新趋势和进展进行了最新研究。此外，这些作者还讨论了评估 NIDS 和确保学习数据集最优选择而采用的一些方法。还有作者[7-11]基于组合两种人工智能技术，即深度学习和机器学习提出了 NIDS 模型。这些工作采用了机器学习和深度学习算法来建立 NIDS 模型，以检测违反安全政策的网络攻击。特别采用了以下的组合：随机森林非对称深度自编码器、SVM 稀疏自编码器，以及基于稀疏自编码器和 SVM 的自学习模型。

一些研究人员[12-16]所提出的 NIDS 模型仅依赖机器学习技术，因此使用了一些机器学习算法，即采用 BAT 算法优化的集成方法、快速学习网络与粒子群算法、基于 K-均值聚类与随机森林的多层次模型，以及采用投票算法的集成机器学习方法等。

还一些研究工作提出了仅基于深度学习的方法[17-29]。有关研究人员在他们的入侵检测方法中依赖深度学习算法，因此使用了以下算法：递归神经网络、深度神经网络、稀疏自编码器和多层感知等。

诚然，科学界已在处理并继续研究当前计算机网络中的入侵检测问题。然而，所提出的模型在架构上更复杂，并且需要很长的学习时间。此外，上面提到的大多数工作都采用了旧数据集，即 KDD-CUP′99 和 NSL-KDD 数据集来测试其 NIDS 模型。然而，这些数据集已经过时，不再代表在通信协议、容量、速度和行为方面发生了巨大变化的当前网络流量。此外，在一些工作中，研究人员虽使用了相对上述数据集（KDD-CUP 和 NSL-KDD）而言较新的 UNSW-NB15 数据集，但不幸的是，没有解决训练数据平衡问题，导致对于少数类（即 U2R 和 R2L）的分类存在偏差结果。

然而，有效的 NIDS 必须检测到可能针对 IT 基础设施的任何类型网络攻击。事实上，优异的 NIDS 必须是自主、分布式和智能化的，这样才能检测到已知和未知的（零日漏洞）网络攻击。因此，NIDS 必须选择采用结合了异常检测和签名检测的简单混合架构。异常检测将基于代表网络流量正常运行的基线。该基线必须基于代表当前网络流量的数据来制定，以识别正常行为，从而检测网络流量中的异常。

考虑到这一点，有关工作旨在提出一种混合、自主、分布式的 NIDS，其将建立在代理技术、人工智能技术，以及基于签名的多线程功能 NIDS 的基础之上。这个系统将结合两类 NIDS：基于异常检测的 NIDS（ADNIDS），以及基于签名的 NIDS（SNIDS）。ADNIDS 将建立在对正常运行期间网络基线建模的基础上，并采用经过数据集清理、平衡和提取有关属性等预处理操作的最新 CICIDS2017 数据集。

8.3 提出的方法

本节将讨论所提出的 NIDS 模型。为此，在介绍所提出的改进新模型前，将介绍先前工作中所提出模型的架构。

8.3.1 系统的整体架构概述

图 8.1 展示了此前工作中所提出的 NIDS 模型架构。事实上，该模型采用基于签名的 NIDS 和基于异常的 NIDS，是一种混合架构。第一个 SNIDS 模块检测已知的攻击，依赖于描述已知攻击模式的签名数据库。然后，第二个 ADNIDS 模块检测网络基线的异常行为。因此，组合这两个模块可确保检测到任何可能针对 IT 基础设施，违反安全策略的攻击。

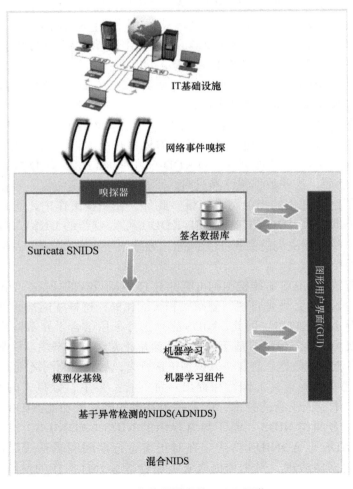

图 8.1 此前所提出的 NIDS 概览

此前提出的混合 NIDS 模型本质上是 SNIDS 和 ADNIDS 的组合。Suricata 确保 SNIDS 的功能，而 ADNIDS 建立在对正常运行期间网络基线建模的基础上。通过将 CICIDS2017 数据集中存在的网络事件建模为无入侵的正常流量以构建有关基线。其思想是拦截来自 IT 基础设施的网络数据包，并验证网络事件特征与网络签名库及基线之间的关联。

8.3.2 系统组成及其工作原理

图 8.2 展示了此前提出的混合 NIDS 模型所采用的检测机制工作流程。混合 NIDS 模型依赖于组合 SNIDS 和 ADNIDS 模块，以确保检测到可能威胁计算机数据安全原则的任何类型的网络威胁。

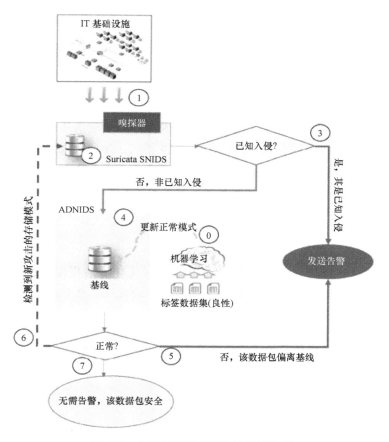

图 8.2　先前提出的 NIDS 的检测流程

NIDS 旧模型组件如下：

（1）Suricata 基于签名的 NIDS（SNIDS）：该组件输入系统，并从 IT 基础设施中捕获网络流量。SNIDS 还基于包含已知入侵模式的签名数据库来检测已知攻击。

（2）基于异常检测的 NIDS（ADNIDS）：此模块检测网络基线有关异常行为。ADNIDS 所参照的网络基线建立在以机器学习技术对优化的 CICIDS2017 数据集建模的基础上。

对于这个系统的工作原理，入侵检测机制是在检查网络基线是否存在异常前，首先检测已知攻击。SNIDS 捕获网络数据包，并检查是否存在已知攻击的痕迹。如果是已知攻击，SNIDS 会通知管理员，如果数据包不符合已知攻击，SNIDS 会将有关数据包转发给 ADNIDS。这时，ADNIDS 参照网络基线检查数据包是否异常。如果数据包异常，ADNIDS 会通知管理员，并认为这极有可能是未知的零日漏洞攻击。

8.3.3 NIDS 旧模型的局限性和改进点

针对先前工作所提出的系统存在一些限制和缺点，因此这次打算通过提出新模型来加以解决。事实上，该模型中的入侵检测机制，也就前文提到的主题，首先依赖于检测已知攻击，然后验证与网络基线的偏差。这种方法没有考虑到正常流量远高于可疑流量。因此，旧模型处理所有传入的网络流量，以检查已知的攻击痕迹，然后重新处理不存在已知攻击痕迹的流量，从而造成频繁进行这两个处理阶段，而正常流量占比最高，同时消耗更多资源，导致很长的周转时间。为避免在两个处理阶段浪费 CPU 和 RAM 资源，需要优化模块，与专用于检测已知攻击的模块相比，确保能够检测到异常。此外，还对旧模型进行了一些改进，使其能更有效地应对各类网络攻击。

8.3.4 提出模型架构

图 8.3 展示了在对之前的模型做出一些改进优化后所提出的新的混合 NIDS 模型。事实上，从全球整个架构的角度来看，本研究中所提出的模型建立在组合两个 NIDS 模块的基础上：

（1）基于异常检测的 NIDS-ADNIDS：该模块是系统的输入，其作用是检测网络基线的异常行为。ADNIDS 基于一组协作执行异常检测任务的智能代理。

（2）基于签名的 NIDS-SNIDS：该模块检测签名已被安全专家识别的已知攻击。

8.3.5 新模型的组件

所提出的新模型基于以下组件：

（1）ADNIDS：该模块是整个系统的输入组件，并含有以下子组件：

• 嗅探器代理（SA）：该代理从要求对网络入侵进行分析的 IT 基础设施中捕获网络流量。

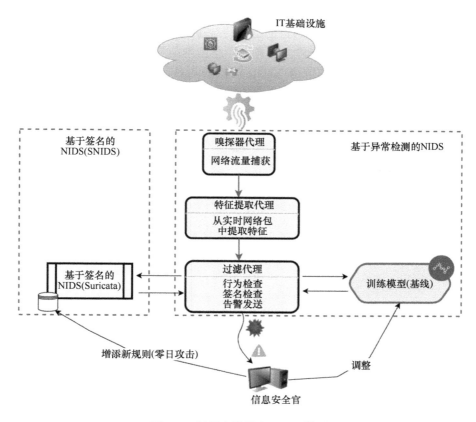

图 8.3 新提出的混合 NIDS 模型

- 特征提取代理（FEA）：该代理接收 SA 捕获的网络数据包，并提取描述网络流量行为的特征。
- 过滤代理（FA）：该代理接收 FEA 提取特征的网络数据包。因此，FA 首先检查与网络基线的一致性，然后验证数据包是否对应于 SNIDS 识别的已知入侵。
- 训练模型（基线）：该模型包含一组与正常网络流量相对应的模式。这些模式采用机器学习技术生成，并根据 CICIDS2017 数据集的良性流量来训练系统。

（2）SNIDS：该模块依靠签名数据库来确定捕获的数据包是否对应于已知的攻击。这项工作中使用的 SNIDS 具有多线程功能，不同于基于单线程处理器的传统 SNIDS。

8.3.6 新模型的工作原理

新提出的混合模型基于共同工作的两个检测模块来检测可能危及当前安全策

略的任何类型的网络攻击。实际上，第一个模块基于 ADNIDS，包括一组智能代理，这些智能代理相互通信以检测与正常网络流量有关的异常行为；第二个模块为 SNIDS，检测已知的入侵，其特征已被传统签名数据库所识别。这种 SNIDS 具有多线程功能，并可执行多个检测任务，不会因网络流量大而产生延迟。

图 8.4 显示了新提出的混合 NIDS 模型的工作原理，同时详细解释了检测已知和未知网络入侵的逻辑和机制。因此，系统所采用的入侵检测机制可描述如下：

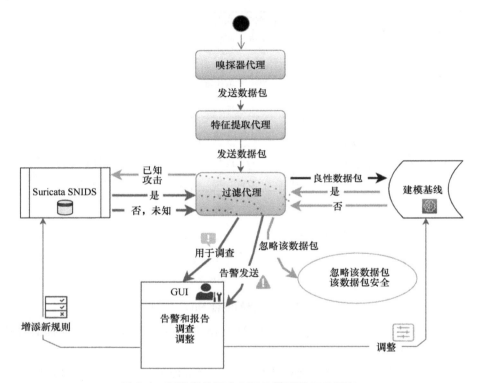

图 8.4　新提出的混合 NIDS 模型的工作原理

步骤 1：ADNIDS 在此阶段捕获网络流量，以检测网络数据包与正常参考配置文件相比是否正常。为此，ADNIDS 组件执行以下任务：

（1）通过嗅探器代理实时捕获经过网络传递的网络流量。

（2）提取能够描述网络数据包行为的相关特征和属性。特征提取代理执行属性提取任务。

（3）对照网络基线验证一致性。网络基线是通过使用一套应用于 CICIDS2017 数据集的机器学习算法，构建一个表示网络正常运行的模型来建立的。因此，在此步骤结束时，如果数据包没有偏离基线，则被认为是正常的。如果数据包显示任何与基准配置文件有关的异常行为，便是可疑的，可能是已知攻击或未知攻击。

因此，过滤代理与 SNIDS 通信，以检查可疑数据包的行为是否对应于一个已知的攻击。

步骤 2：在整个这一阶段，SNIDS 测定数据包是与已知攻击相匹配，还是与可能的零日漏洞攻击未知行为相匹配。为此，SNIDS 依靠其签名数据库来验证可疑数据包的特征是否与包含已知攻击模式的签名数据库相匹配。

步骤 3：管理员通告和基线调整。

（1）如果可疑数据包与 SNIDS 识别的已知网络攻击相匹配，将自动通知安全管理员。

（2）如果可疑数据包与已知攻击不对应，系统将其视为未知的零日漏洞攻击。因此，管理员会收到通知，由其来调查以确认有关入侵的性质。假设所检测到的活动为误报。在这种情况下，管理员会调整基线，如果对应于可疑活动，管理员则会在 SNIDS 中创建一条规则，以便在未来检测中识别此活动。

8.4 实验和结果

本节将开始进行 ADNIDS 模块的实验，同时讨论有关网络基线建模方法，并突显通过决策树分类后获得的结果。为此，首先讨论 CICIDS2017 数据集，即清理和降维方面的预处理操作，然后展示使用决策树对良性流量进行分类的结果，最后将讨论有关网络基线建模的结果。

8.4.1 网络基线建模

这里提出的系统结合了两类 NIDS。第一种类型为 ADNIDS，可检测计算机网络中的违规行为，而第二种类型为 SNIDS，负责识别已知的网络攻击。

本节将重点介绍 ADNIDS 模块。事实上，系统的 ADNIDS 模块依赖于网络基线来检测网络行为中的异常。因此，有关网络基线建模依赖于 ADNIDS 系统在无任何入侵痕迹的良性流量上开展训练。图 8.5 展示了有关网络基线建模所遵循的方法。

为对 ADNIDS 使用的网络基线进行建模，采取了以下步骤：

步骤 1：下载数据集，包括所有良性和恶意网络事件。

步骤 2：对数据集进行预处理，清理数据集并通过减少其属性数量对之进行降维。因此，将得到优化的数据集，从而有助于提高分类结果的性能。

步骤 3：将数据集分为两个样本：第一个用于训练，第二个用于测试。

步骤 4：基于一组机器学习和深度学习技术，在训练数据集上训练 ADNIDS。在该阶段结束时，生成分类模型，并准备接受测试数据集的测试。

步骤 5：在基于训练数据集生成分类模型后，进入测试阶段。生成一组指标来评估模型性能，并观察该模型识别良性网络流量的能力。因此，该测试数据集可以测试模型的有效性，提供以前未见过的模型输入。

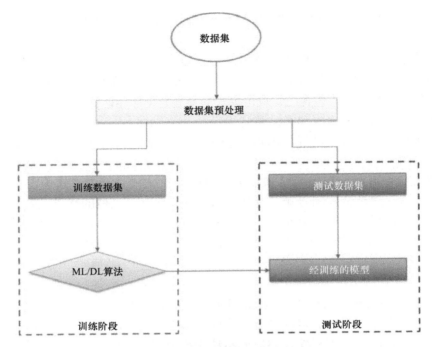

图 8.5 网络基线建模所遵循的方法

步骤 6： 在使用不同的机器学习和深度学习技术测试所生成的模型后，根据精确率和误报率指标选择最优分类算法。因此，最优的模型是具有极低的误报率、最佳精确率，并能准确识别良性网络流量行为的模型。

8.4.2 训练数据集——CICIDS2017

为了开发所提出的混合 NIDS 模型的 ADNIDS 模块，在无任何入侵痕迹的良性网络流量上采用 CICIDS2017 数据集来训练 ADNIDS 模块。该数据集包含良性流量和最新网络攻击。CICIDS2017 包含当前网络流量的更新网络数据包，以及利用 CICFlowMeter 所标注的数据。因此，需要将 CICIDS2017 数据集分为两部分：第一部分专用于训练（占整个数据集的 80%），第二部分（20%）用于测试训练数据集的建模基线预处理。

最新的 CICIDS2017 数据集真实地代表了当前网络流量的行为。但机器学习和深度学习分类算法在使用该数据集训练时会面临一些挑战。事实上，CICIDS2017 数据集包括缺失值和无限值，这可能会在训练时伪造形成不准确结果。此外，该数据集包含许多会产生巨大学习延迟的属性。但在这些属性中，有些对该分类没有任何贡献，即空值属性、相关属性、常数属性和准常数属性。因此，需要选择使用 Pandas 和 Numpy 库的函数来消除缺失值和无限值，然后使用 python 的 Scikit-Learn 框架消除常数、准常数、空值和相关属性。

CICIDS2017 训练数据集经过预处理后，生成了一个优化的新数据集，具有以下特征：

（1）无任何缺失值或无限值的训练数据集。

（2）属性数量少于初始数据集，数据集的维度从 79 个属性减少到 33 个，删除不必要的属性，仅保留在分类时实现增值的有关属性。

8.4.3 以决策树算法进行分类

优化训练数据集后，现在可对网络基线进行建模。这里采用了决策树算法，因为在之前的一项工作中，对用于良性流量分类的几种算法开展了比较研究，该算法被选为最合适的算法。

一些指标用于评估不同类型网络流量的检测效率，即

（1）精确率

$$精确率 = (TP+TN)/(TP+FP+FN+TN)$$

（2）准确度

$$准确度 = TP/(TP+FP)$$

（3）召回率

$$召回率 = TP/(TP+FN)$$

（4）F1 值

$$F1\ 值 = 2 \times (召回率 \times 准确度)/(召回率 + 准确度)$$

其中，TP 为真阳性；TN 为真阴性；FP 为假阳性；FN 为假阴性。

表 8.1 显示了将决策树用作学习算法后获得的结果。有关评估指标给出了令人满意的结果。尤其是，该决策树以 99.91% 的精确率和极低的误报率识别良性流量。

表 8.1 将决策树应用于优化的 CICIDS2017 后获得统计数据

	召回率	准确度	F 值	精确率
良性	0.998	0.999	0.999	99.91%
Bot	0.989	0.967	0.978	×
DDoS	1	1	1	×
DoS GoldenEye	0.998	0.992	0.995	×
DoS Hulk	1	1	1	×
DoS SlowHTTPTes	0.994	0.994	0.994	×
DoS Slowloris	0.997	0.997	0.997	×
FTP-Patator	0.999	0.999	0.999	×
Heartbleed	1	0.999	1	×

（续）

	召回率	准确度	F 值	精确率
Infiltration	1	1	1	×
Portscan	1	0.999	0.999	×
SSH-Patator	0.998	0.999	0.999	×
Web Attack Brate Force	0.959	0.98	0.969	×
Web Attack Sql-Injection	1	0.999	1	×
Web Attack XSS	0.987	0.961	0.974	×

从表 8.1 中可观察到，该决策树以 99.91% 的精确率识别出良性流量。该算法能有效地以低错误率对网络基线进行建模。

表 8.2 表示使用决策树算法进行网络分类后获得的混淆矩阵。结果表明，该决策树能以极低的误报和漏报错误率更准确地识别良性流量。

表 8.2 将决策树应用于优化的 CICIDS2017 后的混淆矩阵

	良性	Bot	DDoS	DoS GoldenEye	DoS Hulk	DoS SlowHTTPTes	DoS Slowloris	FTP-Patator	心血漏洞	Infiltration	端口扫描	SSH-Patator	WA暴力破解	WA Sql注入	WA XSS
良性	49927	35	9	10	11	4	1	0	1	0	30	1	5	0	4
Bot	11	1011	0	0	0	0	0	0	0	0	0	0	0	0	0
DDoS	4	0	25685	0	0	0	0	0	0	0	0	0	0	0	0
DoS GoldenEye	0	0	0	2068	0	0	0	0	0	0	0	0	0	0	0
DoS Hulk	8	0	2	0	45963	0	0	0	0	0	4	0	0	0	0
DoS SlowHTTPTes	3	0	0	0	1	1078	2	0	0	0	0	0	0	0	0
DoS Slowloris	0	0	0	1	0	2	1097	0	0	0	0	0	0	0	0
FTP-Patator	1	0	0	0	0	0	0	1603	1	0	0	0	0	0	0
心血漏洞	0	0	0	0	0	0	0	0	1007	0	0	0	0	0	0
Infiltration	0	0	0	0	0	0	0	0	0	989	0	0	0	0	0
端口扫描	6	0	0	0	0	3	0	0	0	0	31740	0	1	0	1
SSH-Patator	1	0	0	0	0	0	0	0	0	0	0	1164	0	0	0
WA暴力破解	3	0	0	0	0	0	0	0	0	0	0	0	920	1	35
WA Sql注入	0	0	0	0	0	0	0	0	0	0	0	0	0	1001	0
WA XSS	0	0	0	0	0	0	0	0	0	0	0	0	13	0	996

8.4.4 讨论

基于有关决策树算法在良性网络流量上训练 ADNIDS 模块后获得的分类结果，显然该算法能可靠地对网络基线进行建模。因此，整个系统的 ADNIDS 模块现在可识别正常行为，从而实时检测网络流量中可能存在的异常行为。通过这种方式，可对混合 NIDS 系统的 ADNIDS 模块的有关网络基线进行建模。

ADNIDS/SNIDS 组合是保护当前计算机网络免受网络犯罪侵害的下一代入侵检测系统。对用于基线建模的网络分类结果统计表明，决策树在识别无任何攻击痕迹的正常网络事件方面更加准确。此外，使用 Suricata 作为 SNIDS 模块，能有效利用多线程功能开源解决方案的优势。ADNIDS 模块能以 99.91% 的精确率有效识别正常网络流量，从而更可靠地检测偏离基线的异常行为。此外，Suricata 是一个拥有庞大社区的 SNIDS，从而能不断改进其对已知网络攻击的识别和检测性能。因此，整个 NIDS 系统的有效性取决于 SNIDS 和 ADNIDS 这两个模块的有效性。

8.5 结论

本章提出了一个利用 ADNIDS 和 SNIDS 优势的混合 NIDS 模型。该模型结合了检测异常的 ADNIDS 和识别已知攻击的 SNIDS，同时选择了基于代理的架构。ADNIDS 模块建立在以最新的 CICIDS2017 数据集对网络基线建模的基础上。而清理训练数据集的预处理可使分类结果尽可能可靠。这项工作尚未完成，还需开展以下任务：

（1）Suricata SNIDS 的部署和测试；
（2）在真实的计算机网络中测试和验证整个系统。

参考文献

[1] Sohi S et al., "RNNIDS: Enhancing network intrusion detection systems through deep learning." *Comput. Security.* 2021.
[2] Ouiazzane S, Addou M and Barramou F, "A Multiagent and Machine Learning Based Denial of Service Intrusion Detection System for Drone Networks." Springer, 2022.
[3] Subbarayalu et al., "Hybrid network intrusion detection system for smart environments based on internet of things." *Comput. J.* 2019.
[4] Ouiazzane S, Barramou F, and Addou M, "Towards a multi-agent based network intrusion detection system for a flee)." http://dx.doi.org/10.14569/IJACSA.2020.0111044.
[5] Ouiazzane S, Addou M, and Barramou F, "A multiagent and machine learning based hybrid NIDS for known and unknown cyber-attacks." Int. J. Adv. Comput. Sci. Appl. 2021;12(8). http://dx.doi.org/10.14569/IJACSA.2021.0120843.
[6] Zeeshan A et al., "Network intrusion detection system: A systematic study of machine learning and deep learning approaches," 2020.
[7] Shone N et al., "A deep learning approach to network intrusion detection." *IEEE Trans. Emerg. Top Comput.* Intell. 2018;2(1):41-50. https://doi.org/10.1109/TETCI.2017.2772792.
[8] Yan B et al., "Effective feature extraction via stacked sparse autoencoder to improve intrusion detection system." *IEEE Access.* 2018;6:41238-41248. https://doi.org/10.1109/ACCESS.2018.2858277.
[9] Naseer S et al., "Enhanced network anomaly detection based on deep neural networks." *IEEE Access.* 2018;6:48231-48246. https://doi.org/10.1109/ACCESS.2018.2863036.

[10] Al-Qatf M et al., "Deep learning approach combining sparse autoencoder with SVM for network intrusion detection." *IEEE Access*. 2018;6:52843-52856. https://doi.org/10.1109/ACCESS.2018.2869577.

[11] Marir N et al., "Distributed abnormal behavior detection approach based on deep belief network and ensemble SVM using spark." *IEEE Access*. 2018;6:59657-59671. https://doi.org/10.1109/ACCESS.2018.2875045.

[12] Shen et al., "An ensemble method based on selection using bat algorithm for intrusion detection." 2018;61(4):526-538. https://doi.org/10.1093/comjnl/bxx101.

[13] Ali MH et al., "A new intrusion detection system based on fast learning network and particles warm optimization." *IEEE Access*. 2018;6:20255-20261. https://doi.org/10.1109/ACCESS.2018.2820092.

[14] Yao H et al., "MSML: A novel multilevel semi-supervised machine learning framework for intrusion detection system." *IEEE IoT J*. 2018;6(2):1949-1959. https://doi.org/10.1109/JIOT.2018.2873125.

[15] Gao X et al., "An adaptive ensemble machine learning model for intrusion detection." *IEEE Access*. 2019;7:82512-82521. https://doi.org/10.1109/ACCESS.2019.2923640.

[16] Karatas G et al., "Increasing the performance of machine learning-based IDSs on an imbalanced and up-to-date dataset." *IEEE Access*. 2020;8:32150-32162. https://doi.org/10.1109/ACCESS.2020.2973219.

[17] Yin C et al., "A deep learning approach for intrusion detection using recurrent neural networks." *IEEE Access*. 2017;5:21954-21961. https://doi.org/10.1109/ACCESS.2017.2762418.

[18] Jia Y et al., "Network intrusion detection algorithm based on deep neural network." *IET Inf. Secur*. 2018;13(1):48-53. https://doi.org/10.1049/iet-ifs.2018.5258.

[19] Wang Z et al., "Deep learning-based intrusion detection with adversaries." *IEEE Access*. 2018;6:38367-38384. https://doi.org/10.1109/ACCESS.2018.2854599.

[20] Xu C et al., "An intrusion detection system using a deep neural network with gated recurrent units." *IEEE Access*. 2018;6:48697-48707. https://doi.org/10.1109/ACCESS.2018.2867564.

[21] Papamartzivanos et al., "Introducing deep learning self-adaptive misuse network intrusion detection systems." *IEEE Access*. 2019;7:13546-13560. https://doi.org/10.1109/ACCESS.2019.2893871.

[22] Khan FA et al., "A novel two-stage deep learning model for efficient network intrusion detection." *IEEE Access*. 2019;7:30373-30385. https://doi.org/10.1109/ACCESS.2019.2899721.

[23] Xiao Y et al., "An intrusion detection model based on feature reduction and convolutional neural networks." *IEEE Access*. 2019;7:42210-42219. https://doi.org/10.1109/ACCESS.2019.2904620.

[24] Vinayakumar R et al., "Deep learning approach for intelligent

intrusiondetection system." *IEEE Access.* 2019;7:41525-41550. https://doi.org/10.1109/ACCESS.2019.2895334.

[25] Wei P et al., "An optimization method for intrusion detection classification model based on deep belief network." *IEEE Access.* 2019;7:87593-87605. https://doi.org/10.1109/ACCESS.2019.2925828.

[26] Malaiya RK et al., "An empirical evaluation of deep learning for network anomaly detection." *IEEE Access.* 2019;7:140806-140817. https://doi.org/10.1109/ACCESS.2019.2943249.

[27] Jiang K et al., "Detection combined hybrid sampling with deep hierarchical network." *IEEE Access.* 2020;8:32464-32476. https://doi.org/10.1109/ACCESS.2020.2973730.

[28] Yang Y et al., "Network intrusion detection based on supervised adversarial variational auto-encoder with regularization." *IEEE Access.* 2020;8:42169-42184. https://doi.org/10.1109/ACCESS.2020.2977007.

[29] Yu Y et al., "An intrusion detection method using few-shot learning." *IEEE Access.* 2020;8:49730-49740. https://doi.org/10.1109/ACCESS.2020.2980136.

[30] Ouiazzane S, Addou M, and Barramou F, (2022), A Suricata and Machine Learning Based Hybrid Network Intrusion Detection System. In: Maleh Y, Alazab M, Gherabi N, Tawalbeh L, Abd El-Latif AA (eds), Advances in Information, Communication and Cybersecurity. ICI2C 2021. Lecture Notes in Networks and Systems, vol. 357. Springer, Cham. https://doi.org/10.1007/978-3-030-91738-8_43.

[31] Ouiazzane S et al., "A Multiagent and Machine Learning Based Denial of Service Intrusion Detection System for Drone Networks." Springer, 2022.

第 9 章 基于提升树学习范式的智能恶意软件检测与分类

S. Abijah Roseline，S. Geetha
印度韦洛尔理工学院计算机科学与工程学院
电子邮箱：labijahroseline.s2017@vitstudent.ac.in；geetha.s@vit.ac.in

摘要

当今，大多数业务流程都是在云端开展，这是前所未有过的情况。更有效地成本管控、不断提升的灵活性、更高的生产力和更好的员工体验只是数字化转型所带来诸多优势的一部分。然而，它也带来了新的安全问题。网络罪犯不断使用代码混淆等额外功能来创建恶意软件版本，并避免被传统恶意软件检测工具发现。本章提出了一个基于提升树集成学习范式的鲁棒性 PE 格式亚意软件检测和分类系统，并通过对比实验验证该方法相较于其他树模型及堆叠树模型的性能优势。集成学习为融合多学习器预测能力提供了结构化方法。针对所提出的研究方法，本文借助两个具有代表性的恶意软件数据集（ClaMP 和 BIG2015 恶意软件数据集）开展了一系列全面的测试。探讨了基于静态头部特征、内容特征与结构特征对 PE 格式恶意软件的检测有效性。该恶意软件检测系统（MDS）通过提升检测精度、缩短处理时延、消除混淆干扰及识别新型零日漏洞来解决恶意软件检测问题。

关键词：恶意软件检测，网络安全，基于树的方法，集成方法，堆栈集成，机器学习

9.1 引言

恶意软件是一种旨在破坏或利用设备或计算机系统的软件代码。各种形式的恶意软件，如病毒、蠕虫、特洛伊木马、勒索软件和间谍软件等，一直是企业和政府机构重点关注的问题。在传统的恶意软件检测系统中，使用虚拟环境中的反病毒签名式分析方法、启发式分析方法和行为式分析方法进行恶意软件检测，都需要专业的安全人员和研究人员付出大量时间和精力。签名式分析方法需要手动生成一组规则，用于识别各种类型的已知恶意软件样本。这些规则是标准且脆弱

的，即使使用相同的行为也无法检测到新的恶意软件。

随着新的攻击类型和攻击版本的出现，各组织机构通常难以跟上恶意软件发展的步伐。机器学习技术可以通过基于大量现有的自动识别恶意软件模式来检测未知攻击和零日漏洞攻击。与启发式分析方法和签名式分析方法相反，这一独特的功能使机器学习成为当前恶意软件检测解决方案的一个重要工具。

Windows 可执行文件、目标代码和动态链接库（DLL）都采用可移植可执行文件（PE）格式。恶意软件攻击者广泛使用这种文件类型。图 9.1 展示了 2017 年至 2021 年在 Windows 操作系统和安卓操作系统中恶意软件的五年数量统计。与安卓操作系统相比，Windows 操作系统的感染率更高。根据最近一项威胁分析结果显示，2021 年共发现 1.075 亿个 Windows 恶意软件样本；2017 年安卓恶意软件样本数量为 620 万个，到 2021 年已下降至 296 万个。在过去的五年里，Windows 恶意软件样本的数量在增长，而安卓恶意软件样本的数量则有所下降。这表明网络罪犯对 Windows 操作系统中的恶意软件更感兴趣。

经过数百万各种类型的 PE 文件样本训练后，所提出的基于提升树的机器学习分类器可以识别原始字节中的恶意软件模式。基于树的分类模型是一种监督机器学习算法，它使用一系列条件语句将训练数据划分为子集。每一次连续的分割都会给模型增加一些复杂性，这些复杂性可以用来构建一个预测模型。最终的结果模型可以可视化为描述数据集的逻辑测试的路线图。

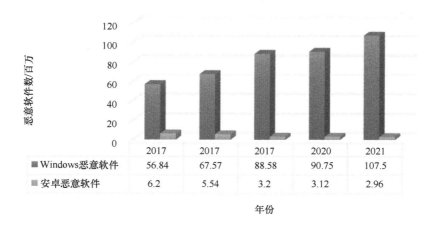

图 9.1　2017 年至 2021 年 Windows 和安卓操作系统的恶意软件数据统计

决策树对于中小型数据集非常适用，因为它们容易实现，且易于学习。

本章提出了一种有效的、非堆叠的、基于提升树的集成恶意软件检测方法，用于对恶意软件及其变体进行检测和分类。堆叠集成是一种机器学习集成方法，通过聚合来自多种基于树的机器学习算法的高性能预测来训练恶意软件检测系统。所提出的恶意软件检测系统利用极端梯度提升（XGB）模型检测恶意软件，并通过分析决策树（DT）、随机森林（RF）、极端随机树（ET）和堆叠模型（堆叠决策树、堆叠随机森林、堆叠极端随机树和堆叠极端梯度提升树模型）等基于树的机器学习算法进行性能评估。作者使用两个标准数据集评估了所提出的基于提升树的恶意软件检测系统性能，结果表明该系统在检测恶意软件方面具有较高的精确率。

本章的研究成果包括：

（1）提出了一种基于非堆叠式提升树的集成方法来完成 PE 恶意软件的二分类与多分类任务；

（2）基于多种树树模型和堆叠树模型在 ClaMP、BIG2015 两个主流恶意软件数据集上进行性能横向评估；

（3）探索了各种类型的 PE 文件特征，如标头特征、内容特征和结构特征。

本章的其余部分内容如下：9.2 节提供了对现有恶意软件检测系统的调研情况；9.3 节阐述了所提出的恶意软件检测方法；9.4 节讨论了两个 PE 恶意软件数据集的实验结果和评估情况；9.5 节对本章进行了总结。

9.2　文献综述

本节介绍了 PE 恶意软件的检测方法与分类，包括静态分析方法、动态分析方法、基于视觉的分析方法和混合分析方法。机器学习算法已经使用从程序文件中提取的静态、动态或基于视觉的特征进行设计和验证。静态分析方法提取静态特征，如函数长度频率、函数调用图、字节序列、字符串序列、操作码序列和 PE 文件特征。Wadkar 等人[2]提出了一种利用支持向量机（SVM）从 PE 二进制文件中提取静态特征的恶意软件进化检测方法。该方法需要使用统计数据跟踪支持向量机权重随时间的更新。该技术确定了发生重大变化的不同时间点。

N-grams、操作码序列、API 调用序列、系统调用序列和控制流图都是通过动态分析方法提取的特征。Du 等人[3]提出了一种名为 Magpie 的动态恶意软件检测系统，该系统利用 API 调用参数和 API 跟踪等行为特征进行恶意软件检测。API 调用序列构建分类行为图以识别恶意软件版本。Magpie 系统并不通用，且无法检测复杂的恶意软件。它与所有动态方法具有相同的缺点。Ding 等人[4]开发了一个动态污点分析模型，利用污点标签获得系统调用参数。恶意软件行为被描述为基于系统调用的依赖关系图。他们使用加权图来捕获恶意软件类的常见行为，并设计了一种用于恶意软件检测和分类的行为匹配方法。与其他动态检测系统一样，他们的系统也有缺点，比如只能跟踪可执行活动的子集，如果恶意软件在安全设置执行时隐藏了其危险活动，则该系统将无法检测到此恶意软件。Azeez 等人[5]提出了一种基于集成学习的方法，该方法的第一阶段使用神经网络，最后一个阶段使用 15 个机器学习模型作为分类器。该技术对已知的恶意软件有效，但对新的零日恶意软件无效。该方法没有使用大型数据集进行分析。

最近，基于视觉的技术开始被用于 PE 恶意软件的检测。将二进制文件可视化为灰度图像，并提取基于视觉的特征。通过将可执行文件可视化为图像进行分析，然后使用基于图像的特征来描述可执行文件。这包括将整个图像视为单个特征向量或识别二进制图像的局部和全局特征。恶意软件分类是通过利用机器学习或深度学习技术实现的[13-17]。Nataraj 等人[6]提出了一种恶意软件检测系统，该系统从可执行文件的灰度图像中提取纹理特征，利用 K- 近邻（KNN）算法和欧几里得距离对恶意软件进行分类。这一方法比 n-gram 方法计算量少。Fu 等人[7]结合全局和局部特征进行恶意软件分类。从 PE 二进制文件的 RGB 彩色图像中获得纹理和颜色等全局特征，从 PE 文件的代码和数据部分提取局部特征。

9.3 提出的方法

本章所提出的模型使用基于非堆叠提升树的检测方法来检测和分类恶意软件，并通过将所提出的恶意软件检测系统与基于非堆叠和堆叠树的模型进行比较来评估其检测效率。利用决策树、随机森林、极限树和极端梯度提升树等非堆叠树型模型，以及堆叠决策树、堆叠随机森林、堆叠极限树和堆叠极端梯度提升树等堆叠树模型，比较了本文作者所提出的基于提升树的恶意软件检测系统的性能。基于堆叠树的模型是元学习器，它接受训练数据，并通过多个基础学习器（如决策树、随机森林、额外树和极端梯度提升树）运行。最后，生成对这些模型的预测。

9.3.1 选择提升分类器的基本原理

在提升（Boosting）方法中，树是按顺序构建的，每棵树都试图将前三棵树的错误最小化。每棵树都建立在其先例的基础上，并更新残差。因此，序列中后面的树将从残差的更新版本中学习。Boosting 方法的基础学习器是弱学习器，具有很强的偏差和预测能力，略优于随机猜测。这些基础学习器中的每一棵树都为预测提供了关键信息，使提升策略能够将这些弱学习器结合起来，有效地构建一个强学习器。最终，强学习器可以减少偏差和方差。与随机森林等引导聚合（Bagging）方法不同，Boosting 方法是最大程度地生成树，最小程度地分裂树。对于用户来说，这种又小又浅的树更容易解释。

9.3.2 概述

恶意软件检测系统的总体架构设计如图 9.2 所示，其中包含分析和分类两个阶段。对 Windows PE 文件进行分析，以获得不同维度的静态 PE 文件特征。标头特征存储在 PE 文件标头数据库中。相比之下，反汇编的文件特征和十六进制特征存储在 PE 内容和结构数据库中，以执行高效的恶意软件检测和分类。在分类阶段，所提出的基于非堆叠提升树模型使用所提取的不同类型的 PE 文件特征对恶意软件进行检测和分类。研究人员通过对准确度、精确率、查全率和平衡 F1 值等性能指标进行评估，区分恶意软件和正常软件的二进制文件。

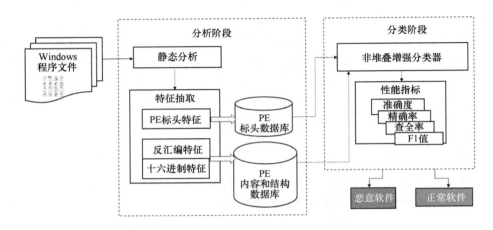

图 9.2　恶意软件检测系统的总体架构设计

9.3.3　用于评估的分类器

1. 决策树（DT）

决策树是一种表示数据的有效算法，因为它遵循树状结构排列，并考虑到了可能带来最终结果的所有不同路径。它通常从一个节点开始，然后通过分支形成不同的结果。决策树分类器可能会产生非常复杂的树，这些树无法很好地泛化到新的恶意软件。这一过程被称为过拟合。决策树可能是不稳定的，因为数据的微小变化就可能导致生成一棵全新的树。这就是所谓的方差，必须使用聚合（bagging）和 boosting 等技术来减小方差。当某些类占主导地位时，决策树分类器会生成不平衡树。

2. 随机森林（RF）

随机森林分类器是一种聚合方法，它使用聚合和特征随机化来生成一个独立的决策树森林。特征随机化创建随机的特征子集，导致决策树具有弱相关性。随机森林只选择潜在特征分裂的一个子集，而决策树则会检查所有潜在的特征分裂。

3. 极端随机树（ET）

极限树或极端随机树与随机森林类似，因为它生成了几棵树，并使用随机特征子集划分节点。尽管如此，它在两个主要方面仍有所不同：它不引导数据（这意味着它不进行替换采样），节点被随机分裂，而不是最优分裂。极限树中的随机性来自所有数据的随机分区，而不是数据自举。

4. XGBoost

XGBoost 也称为极端梯度提升算法，是一种高效且可扩展的算法，通过并行处理计算实现快速学习，并有效地管理内存的使用。

5. 堆叠集成

堆叠集成模型使用四个基础学习器：决策树、随机森林、极限树和极端梯度提升树。当堆叠模型使用决策树作为预测模型时，称为堆叠决策树。当使用随机森林作为预测模型时，称为堆叠随机森林。当使用极限树作为预测模型时，称为堆叠极限树。当使用极端梯度提升树作为预测模型时，称为堆叠极端梯度提升树。

9.4 实验结果

9.4.1 数据集

使用 ClaMP（使用 PE 文件标头对恶意软件进行分类）和 Kaggle 恶意软件数据集对所提出模型的效率进行评估。第一个数据集 ClaMP[18] 是一个包含 5184 个样本的二进制恶意软件数据集，其中包含两类软件样本：恶意软件（2683 个样本）和正常软件（2501 个样本）。该数据集包含从 PE 二进制文件中提取的 55 个特征。第二个数据集是 Kaggle BIG2015 恶意软件数据集[12]，它是一个多分类恶意软件数据集，包含 9 个恶意软件分类和 10868 个样本，以及 1804 个 PE 文件特征。表 9.1 列出了 BIG2015 恶意软件数据集的分类、类型和每个类中所包含的样本数量。

表 9.1　恶意软件数据集详细信息

序号	分类	类型	样本数量
1	Ramnit	蠕虫	1541
2	Lollipop	广告软件	2478
3	Kelihos_ver3	后门	2942
4	Vundo	木马	475
5	Simda	后门	42
6	Tracur	木马下载者	751
7	Kelihos_ver1	后门	398
8	Obfuscator.ACY	任何模糊的恶意软件	1228
9	Gatak	后门	1013

1. ClaMP 恶意软件数据集的特征

ClaMP 恶意软件数据集包含从三个主要 PE 文件标头中提取的所有特征：IMAGE_DOS_HEADER、FILE_HEADER 和 OPTIONAL_HEADER。IMAGE_DOS_HEADER 有 19 个特征，FILE_HEADER 有 7 个特征，OPTIONAL_HEADER 有 29 个特征。

- IMAGE_DOS_HEADER 特征：
  - e_magic, e_cblp, e_cp, e_crlc, e_cparhdr, e_minalloc, e_maxalloc, e_ss, e_sp, e_csum, e_ip, e_cs, e_lfarlc, e_ovno, e_res, e_oemid, e_oeminfo, e_res2 和 e_lfanew

- FILE_HEADER 特征：
  - Machine, NumberOfSections, CreationYear, PointerToSymbolTable, NumberOfSymbols, SizeOfOptionalHeader 和 Characteristics

- OPTIONAL_HEADER 特征：
  - Magic, MajorLinkerVersion, MinorLinkerVersion, SizeOfCode, SizeOfInitializedData, SizeOfUninitializedData, AddressOfEntry Point, BaseOfCode, BaseOfData, ImageBase, SectionAlignment, FileAlignment, MajorOperatingSystemVersion, MinorOperating SystemVersion, MajorImageVersion, MinorImageVersion, MajoSubsystemVersion, MinorSubsystemVersion, SizeOfImage, SizeOfHeaders, CheckSum, Subsystem, DllCharacteristics, SizeOfStackReserve, SizeOfStackCommit, SizeOfHeapReserve, SizeOfHeapCommit, LoaderFlags 和 NumberOfRvaAndSizes

2. BIG2015 恶意软件数据集的特征

BIG2015 恶意软件数据集包含从十六进制和汇编视图中提取的 1805 个混合恶意软件特征（基于内容和结构特征）。基于十六进制转储的特征包括 n-gram、元数据、熵、图像表示和字符串长度。反汇编文件的特征包括元数据、符号、操作代码、寄存器、应用程序接口（API）、节、数据定义和一些杂项（MISC）关键字的频率。数据集不包括 PE 文件标头特征。

基于十六进制文件的特征类别包括 n-gram、元数据、熵、图像表示和字符串长度。为了获取有关恶意软件类型的有用信息，可以使用 n-gram 分析有效地将恶意软件样本表示为一系列十六进制值。字节序列由 n-gram 特征表示，该特征由 256 维向量表征。元数据（MD1）包括文件大小和初始字节序列的地址，地址是一个十六进制数，为了与其他特征变量保持一致，它被转换为等效的十进制数。熵（ENT）是字节码中字节分布混乱的度量，其值范围从 0（顺序）到 8（随机性），可用于确定是否存在分布混乱的情况。使用滑动窗口方法和熵序列的统计数据（如所获得分布的分位数、百分位数、平均值和方差）来计算特征。此外，还估算了恶意软件中所有字节的熵。每个恶意软件都可以表示为图像，提取的特征

第 9 章　基于提升树学习范式的智能恶意软件检测与分类

包括 Haralick 特征和局部二进制模式等特征。使用字符串特征是不符合实际需求的，因为大量垃圾值都是用真实字符串检索的。为了最小化噪声并防止过拟合，研究人员只使用字符串长度分布（STR）的直方图。

从反汇编文件中提取的特征包括元数据、符号、操作代码、寄存器、应用程序接口（API）、节、数据定义和其他特征。元数据（MD2）列表包括文件大小和反汇编后检查的每个文件中的行数等特征。数据集考虑了符号（SYM）、−、+、*、]、[、?、@ 出现的频率，因为这些字符的高频率表示旨在逃避检测的代码。汇编语言指令使用操作码（OPC）表示。每个样本都测量了所选操作码的频率，包括使用寄存器（REG）和使用 API 的频率。节（SEC）特征包括 .text、.data、.bss、.rdata、.edata、.idata、.rsrc、.tls 和 .reloc。这些节特征对于有效分类恶意软件至关重要。数据定义的特征主要是 db、dw 和 dd 指令，分别用于设置字节、字符和双字符值。从反汇编文件中提取手动关键字（MISC）的频率。表 9.2 所示为 BIG2015 恶意软件数据集中一些重要的 PE 恶意软件特征。

表 9.2　BIG2015 恶意软件数据集中一些重要的 PE 恶意软件特征

类别	特征
节（SEC）	section_names_.bss section_names_.data section_names_.idata section_names_.rsrc section_names_.tls Num_Sections Unknown_Sections_lines Unknown_Sections_por .text_por .data_por .bss_por .rdata_por .edata_por .idata_por .rsrc_por .tls_por .reloc_por section_names_edata section_names_rdata section_names_.text section_names_.reloc Unknown_Sections Known_Sections_por Unknown_Sections_lines_por

（续）

类别	特征
数据定义（DP）	db_por dd_por db0_por db_text db3_data dd5 dd5_all dd6_all db3_idata db3_NdNt dd4_NdNt dd5_NdNt dw_por dbN0_por dd_rdata db3_all dd6 d_c_por dd_text db3_rdata dd4 dd4_all

9.5 结果与讨论

本实验在 Windows 64 位操作系统、基于 x64 的 Intel（R）Core（TM）i5-1135G7@2.40GHz 处理器上运行。所提出的恶意软件检测系统使用 Python 编程语言实现，其中包含所有必需的软件包。针对两个 PE 恶意软件数据集，比较了所提出的基于提升树的恶意软件检测系统和各种基于其他树模型或堆叠树的恶意软件检测系统性能。结果见表 9.3。本章所提出的恶意软件检测系统在 ClaMP 恶意软件数据集上表现更好，精确率为 98.65%，准确度为 0.9865，查全率为 0.9865，F1 得分为 0.9865。该模型在 BIG2015 恶意软件数据集上表现良好，精确率为 99.86%，准确度为 0.9986，查全率为 0.9986，F1 得分为 0.9986。堆叠模型在检测恶意软件方面并没有优于非堆叠极端梯度提升模型。

本章所提出的恶意软件检测系统与 ClaMP 和 BIG2015 恶意软件数据集的混淆矩阵如图 9.3 和图 9.4 所示。由于 ClaMP 数据集是一个二进制数据集，因此混淆矩阵是一个 2×2 矩阵，而多分类 BIG2015 数据集是 9×9 矩阵。两个混淆矩阵的对角元素表明，所提出的非堆叠 boosting 模型做出了正确的预测。对于 ClaMP 恶意软件数据集，所提出的恶意软件检测系统对正常软件执行正确分类的样本数量为 494 个，对恶意软件执行正确分类的样本数量为 529 个，将正常软件错误归类为恶意软件的样本数量为 8 个，将恶意软件错误归类为正常软件的样本数量为 6 个。对于 BIG2015 恶意软件数据集，所提出的恶意软件检测系统对各种类别模型的预测如图 9.4 所示。非对角线元素的分类错误很少。这意味着所提出的恶意软件检测系统在区分恶意软件和正常软件以及恶意软件变体方面明显更有效。

表 9.3 针对两个 PE 恶意软件数据集，对本文提出的恶意软件检测系统与其他基于树的恶意软件检测系统进行了比较

模型	Clamp 数据集				BIG2015 恶意软件数据集			
	精确率（%）	准确度	查全率	F1 得分	精确率（%）	准确度	查全率	F1 得分
DT	96.05	0.9605	0.9605	0.9605	99.13	0.9912	0.9913	0.9912
RF	97.78	0.9778	0.9778	0.9778	99.68	0.9968	0.9968	0.9968
ET	98.17	0.9817	0.9817	0.9817	99.40	0.9941	0.9940	0.9940
Stacked DT	96.05	0.9605	0.9605	0.9605	99.08	0.9909	0.9908	0.9908
Stacked RF	98.46	0.9846	0.9846	0.9846	99.68	0.9968	0.9968	0.9968
Stacked ET	98.46	0.9846	0.9846	0.9846	99.68	0.9968	0.9968	0.9968
Stacked XGB	96.05	0.9605	0.9605	0.9605	99.13	0.9912	0.9913	0.9912
XGB	98.65	0.9865	0.9865	0.9865	99.86	0.9986	0.9986	0.9986

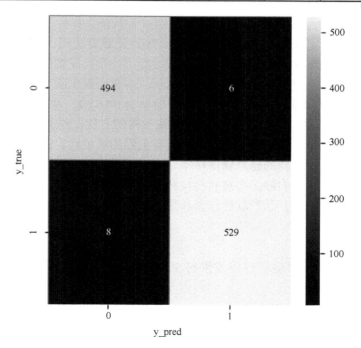

图 9.3 针对 ClaMP 恶意软件数据集提出的恶意软件检测系统混淆矩阵（见彩插）

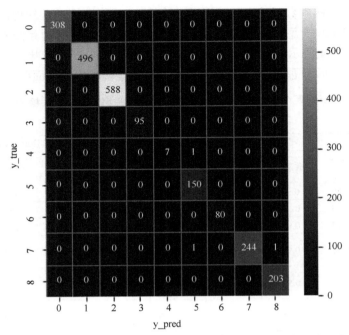

图 9.4 针对 BIG2015 恶意软件数据集提出的恶意软件检测系统混淆矩阵（见彩插）

9.6 结论

本章所提出的恶意软件检测系统使用静态 PE 特征，如标头特征和基于内容的结构特征，来区分恶意软件和正常软件。提升分类器方法用于恶意软件检测和分类。使用堆叠和非堆叠的基于树的 ML 模型进行了一系列完整的测试，以评估所提出的恶意软件检测系统，并对结果进行了比较。本文所提出的基于树的恶意软件检测系统在 ClaMP 恶意软件数据集的分类精确率为 98.65%，在 BIG 2015 恶意软件数据集的分类精确率为 99.86%，优于其他基于树的方法。结果表明，与现有的恶意软件检测算法相比，本文所提出的方法具有更强的通用性，能够以更高的精确率和更低的误报率检测出新的恶意软件样本，同时所需要的系统资源也更少。当与各种特征集成时，所提出的静态恶意软件检测系统提高了恶意软件检测系统的鲁棒性和可扩展性。尽管如此，恶意软件作者和反恶意软件行业之间仍然存在冲突。

致谢

感谢韦洛尔理工学院管理层提供研究种子基金（AY 2019-20）来帮助完成这项工作。

本章作者衷心感谢 K7 Computing Pvt. 有限公司创始人兼董事长、亚洲反病毒研究者协会（AVAR）首席执行官 J.Kesavardhanan 先生从他们的实验室提供恶意软件样本供作者进行分析和讨论，为明确恶意软件的研究方向提供了帮助。

参考文献

[1] Malware Statistics & Trends Report |AV-TEST. (2021). Retrieved 27 November 2021, Available from https://www.av-test.org/en/statistics/malware/.

[2] M. Wadkar, F. Di Troia, M. Stamp, 'Detecting malware evolution using support vector machines', *Expert Systems With Applications*, 143, 113022, 2020.

[3] D. Du, Y. Sun, Y. Ma, F. Xiao, 'A novel approach to detect malware variants based on classified behaviors', *IEEE Access*, 7, pp. 81770-81782, 2019.

[4] Y. Ding, X. Xia, S. Chen, Y. Li, 'A malware detection method based on family behavior graph', *Computers & Security*, 73, 73-86, 2018.

[5] N. Azeez, O. Odufuwa, S. Misra, J. Oluranti, R. Damaševièius, 'Windows PE malware detection using ensemble learning', *Informatics*, 8(1), p. 10, 2021.

[6] L. Nataraj, S. Karthikeyan, G. Jacob, B. S. Manjunath, 'Malware images: Visualization and automatic classification', In *Proceedings of the 8th International Symposium on Visualization for Cyber Security*, pp. 1-7, July, 2011.

[7] J. Fu, J. Xue, Y. Wang, Z. Liu, C. Shan, 'Malware visualization for fine-grained classification', *IEEE Access*, 6, 14510-14523, 2018.

[8] R. Quinlan, 'Learning decision tree classifiers', *ACM Computing Surveys*, 28(1), pp. 71–72, 1996.

[9] L. Breiman, 'Random forests', *Machine Learning*, 2001.

[10] P. Geurts, D. Ernst, L. Wehenkel, 'Extremely randomized trees', *Machine Learning*, 63(1), pp. 3–42, 2006.

[11] D. Nielsen, 'Tree boosting with XGBoost-why does XGBoost win "every" machine learning competition?', Master's thesis, NTNU, 2016.

[12] M. Ahmadi *et al.*, 'Novel feature extraction, selection and fusion for effective malware family classification', In *Proceedings of the 6th ACM Conference on Data and Application Security and Privacy*, pp. 183-194, March, 2016.

[13] S. A. Roseline, S. Geetha, S. Kadry, Y. Nam, 'Intelligent vision-based malware detection and classification using deep random forest paradigm', *IEEE Access*, 8, pp.206303-206324, 2020.

[14] J. Hemalatha, S. A. Roseline, S. Geetha, S. Kadry, R. Damasevieius, 'An efficient DenseNet-based deep learning model for malware detection', *Entropy*, 23(3), p. 344, 2021.

[15] S. A. Roseline, A. D. Sasisri, S. Geetha, C. Balasubramanian, 'Towards efficient malware detection and classification using multilayered random forest ensemble technique', In *Proceedings of the 2019 International Carnahan Conference on Security Technology (ICCST)*, IEEE, October, 2019.

[16] S. A. Roseline, G. Hari, S. Geetha, R. Krishnamurthy, 'Vision-based malware detection and classification using lightweight deep learning paradigm', In *Proceedings of the International Conference on Computer Vision and Image Processing*, Springer, Singapore, pp. 62-73, September, 2019.

[17] S. Abijah Roseline, S. Geetha, 'Intelligent malware detection using deep dilated residual networks for cyber security', In *Proceedings of the IGI Global Research Anthology titled Research Anthology on Artificial Intelligence Applications in Security*, IGI Global, pp. 1085-1099, 2021.

[18] A. Kumar, 'ClaMP (classification of malware with PE headers)', Mendeley Data, V1, 2020.

第 10 章 基于人工智能技术的恶意软件和勒索软件分类、检测和防护

Md Jobair Hossain Faruk[1,*], Hossain Shahriar[1], Mohammad Masum[1],
, Khairul Alom[2]

[1] 美国肯尼索州立大学
[2] 孟加拉国北方大学
* 通信作者
电子邮箱：mhossa21@students.kennesaw.edu；hshahria@kennesaw.edu；
mmasum@kennesaw.edu；kalom.nub@gmail.com

摘要

破坏性恶意软件和勒索软件攻击导致的安全威胁日益加剧，虽然技术不断进步，但网络安全面临的挑战也随之增加。面对新开发的复杂危险程序，传统反恶意软件及勒索软件防护手段存在诸多局限。与之相比，采用机器学习抵御这类威胁方面取得了显著进展。但为了将这一领域的最新研究成果应用于实践仍需开展大量工作。本研究聚焦于检测并阻止恶意软件与勒索软件活动，并探索利用神经网络构建新型防御机制的可能性。文章采用决策树（DT）、随机森林（RF）、朴素贝叶斯（NB）、逻辑回归（LR）以及基于神经网络的分类模型等多种算法识别不同类型的勒索软件样本。基于收集到的真实世界案例数据集，对每种方法框架进行了全面测试评估。结果显示，随机森林算法在准确度（0.99 ± 0.01）、F-beta （0.97 ± 0.03）以及精确率（0.99 ± 0.00）等方面均优于其他算法；而朴素贝叶斯则展现出最高的召回率（0.99 ± 0.00）。

关键词：恶意软件和勒索软件分类，检测和预防，机器学习，人工智能，软件和网络安全

10.1 引言

计算机病毒随着技术进步而演变。人们仍然担心恶意程序、恶意软件和勒索软件等可能对各行业和企业的网络系统、数据中心、互联网和移动应用程序造成严重损害[1-3]。Apple II 是第一台感染"Elk Cloner"病毒的机器，该病毒由 15 岁

的 Rich Skrenta 于 1982 年设计 [4]。从那时起，基于恶意软件的应用程序数量增加，它们充分利用了软件中的漏洞。当 Elk Cloner 和 Brain 被设计出来时，其目的是检测缺陷，而非损坏或摧毁机器。当恶意软件近年涉及计算机中断、窃取数据甚至侵入专用网络时，变得越来越危险 [5]。这些计算机病毒可以感染政府机构、数据中心、实验室、商业企业或组织程序，以及特定连接，并可以通过上述渠道中的任何一种传播。勒索软件是一种常见且复杂的威胁，以各种方式影响全球各地的人们。为了访问用户的系统或数据，它会锁定屏幕或加密用户的文件 [2]。由于卸载勒索软件会造成长期损害，大多数勒索软件都会通过使用可访问的加密机制来阻止目标受害者访问计算机数据 [1]。拒绝攻击者的要求会导致数据永远丢失。勒索软件正在被重新利用来发起新的攻击，这使得抵御感染变得更加困难 [7]。防止访问计算机或设备的勒索软件，以及防止访问文件或数据的加密勒索软件是两种最常见的勒索软件类型。除非支付敲诈勒索，否则将无法从这些攻击中恢复过来。检测勒索软件的传统方法，例如专注于事件、统计数据和数据分析，在处理方面准备不足。因此，面对此类先进的敌对攻击，必须依靠未来的技术来获取尽可能的安全和保障。

全球安全专家正在开发多种技术和防病毒程序，以打击恶意软件和勒索软件攻击 [9]。尽管如此，第一款防病毒软件的确切起源仍然是讨论的热门话题。德国计算机安全专家贝恩德·罗伯特（Bernd Robert）于 1987 年开发出第一个成功消除计算机病毒的防病毒应用程序。他找出了一个抵御维也纳病毒的方法，这些病毒感染了 DOS 平台上的文件 [10]。有许多手动和自动恶意软件及勒索软件检测与预防解决方案适用于各种平台，如移动设备、服务器、网关以及工作站等。

随着技术的发展，检测过程不断更新，预防措施也变得更加积极。安全措施和防病毒软件必须采用最先进的方法来实施。通过推进行业研发工作，恶意软件和勒索软件的检测和预防将变得更加容易。为了增强对这类威胁的检测和预防能力，人工智能可以使开发人员创建快速、有弹性且可扩展的恶意软件识别模块 [11]。尽管存在局限性，其仍然具有潜力成为对抗复杂恶意软件的有效工具。例如，机器学习在恶意软件和勒索软件检测方面显示出巨大的潜力，这是一个新兴的研究领域 [12]。得益于机器学习（ML）算法的进步，现在可以自动检测包括勒索软件在内的多种恶意软件 [13]。决策树（DT）、随机森林（RF）、朴素贝叶斯、逻辑回归以及基于神经网络（NN）的架构是用于分类和识别这些威胁的方法。

10.2 恶意软件和勒索软件

通常使用"恶意软件"描述计算机和互联网中的危险软件或程序。恶意软件有多种类型，包括计算机病毒和蠕虫、勒索软件、rootkits、特洛伊木马、拨号器、广告软件、间谍软件以及键盘记录器 [14]，浏览器助手对象（Browser Helper

Object，BHO）等，详细分类如图 10.1 所示，其针对计算机和基于互联网的应用程序进行损害。1969 年，当互联网仅有 4 个主机时，病毒开始缓慢传播。据估计截至 2019 年，全球已有约 10.1 亿台主机[15]。图 10.2 展示了 1989 年至 2021 年勒索软件的发展趋势。

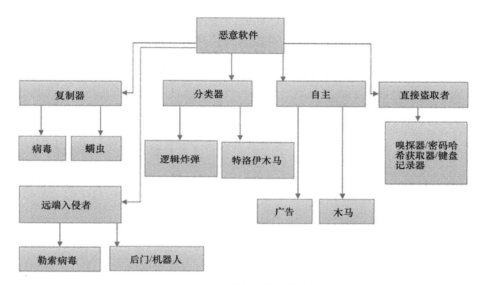

图 10.1 恶意软件分类图

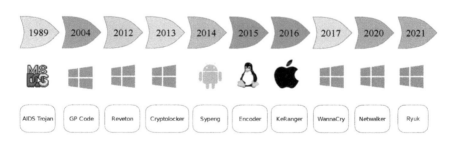

图 10.2 勒索软件的发展趋势

10.3 人工智能

所有组织都渴望从人工智能（AI）中获益。这是因为人工智能能够执行以前只有人类才能完成的任务，从而降低成本并提高效率[19]。一种定义认为，人工智能是一种快速发展的计算机系统，能够执行原本只有人类才能完成的活动。学术界认为，人工智能可能被用来增强人类智能，而不是取代。这一观点使得人工智能具有战略重要性，成为当前技术革命的主要潜在驱动力。因此，人工智能可以在多个领域中发挥作用，例如基于认知过程的项目生成、创意构思、有意识的研究以及对信息进行分析[21]。此外，它还能在大数据、安全和商业分析等领域提供创造性的问题解决方案。人工智能还能够检测和预防恶意软件及勒索软件。这些功能可以通过包括机器学习在内的多种方法来实现[22]。图 10.3 展示了两个人工智能的应用实例：机器学习和自然语言处理。在机器学习领域，系统通过逻辑或二进制从一系列示例中学习任务，无需明确的编程指令即可实现智能化操作[23]。利用这种情景方法进行评估和学习，可以通过使用人工智能来预防计算机病毒和其他类型的恶意软件攻击[24]。

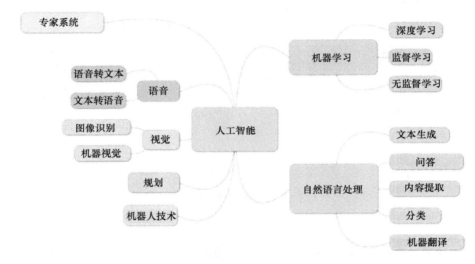

图 10.3　人工智能的类型和用途

10.4　相关工作

对于恶意软件和勒索软件的检测，最重要的目的是保护系统免受破坏性威胁。可以使用多种方法检测恶意软件和勒索软件。随着恶意软件技术进步，人工智能对于有效保护系统变得越来越重要。定位恶意源代码是识别恶意软件的第一步。本节将介绍关于恶意软件和勒索软件的相关研究成果。

世界上最大的恶意软件源代码数据库 SourceFinder 由研究者 Rokon 等人[25]开发，用于搜索恶意软件源代码库。在使用 SourceFinder 识别 7504 个恶意软件源代码库之前评估它们的特征和属性时，其精确率达到了 89%，召回率为 86%。机器学习技术通常协助恶意软件检测。该技术得益于作者的机器学习和数据挖掘方法。其他研究，例如 Sharma 等人[26]提供了对静态、动态和混合方法以及恶意软件检测方法评估的全面研究。此外，研究还评估了广泛的基于数据挖掘和机器学习的恶意软件检测解决方案。另一方面，Sharma 等人[27]主张使用机器学习通过寻找操作码实例来检测恶意软件。研究人员还使用了 Kaggle 微软恶意软件分类挑战数据集，设计了五个检查识别器，包括 LMT、REPTree、NBT、随机森林和 J48。演示显示，所提出的方法可以以 99% 的精确率正确识别恶意软件。尽管将机器学习方法应用于入侵检测存在困难，例如非典型的计算范式和非传统的规避策略，Saad 等人[28]描述了限制恶意软件检测器效能的三个主要缺点。此外，研究人员还探讨了如何克服下一代反恶意软件系统中行为分析的局限性。Syam 和 Vankata[29]使用人工智能开发了一个虚拟分析模型来防范威胁，并在独立查询中收集所需信息，随着时间的推移改进算法，使其更强大、更高效。为了自动更新系统，研究人员使用分析师反馈将非监督数据转换为监督数据，并对其进行分类。云计算、网络检测系统、虚拟机以及混合方法和技术与机器学习一起都被用于恶意软件检测。使用深度学习和人工智能检测恶意软件正变得越来越普遍。Baptista 等人[30]开发了一种新的方法，结合二进制可视化和自组织增量神经网络进行恶意软件检测。实验结果表明，勒索软件检测精确率分别为 91.7% 和 94.1%，适用于包括便携式文档文件（.pdf）和微软文档文件（.doc）在内的多种文件格式。当与增量检测率一起使用时，作者的方法足够有效，可以快速准确地识别新的恶意软件。Mohammad Masum 及其在肯尼索州立大学的同事们[31]使用传统检测方法对勒索软件进行了分类。可以使用一个明确的行为框架对不同的勒索软件家族进行分析，这些家族中的大多数都共享行为特征，如有效载荷持久性、隐蔽策略和网络活动。Abiola 和 Marhusin 提出了一种基于提取 Brontok 蠕虫并使用 n-gram 技术分解签名，以使用基于签名的恶意软件检测方法[32]。该方法得益于设计，可以识别恶意软件并创建安全解决方案。参考文献 [33] 中的作者提出了静态和动态设计，也称为基于行为的架构，以克服这一限制。静态分析应用程序代码寻找潜在的恶意行为。例如，使用基于动态监控的进程可以被标记为具有恶意意图，并在检测到任何可疑行为时关闭。静态和动态分析在发现未知恶意软件和对抗大范围针对性攻击、混淆输出方面的局限性。Noorbehbahani 和 Saberi[13]专注于使用大量未标记数据和有限标记数据的半监督学习来识别勒索软件。CICAndMalware 数据集中的 CIC2017 和替代特征选择算法研究了勒索软件检测。虽然其他半监督分类方法在勒索软件检测方面优于随机森林，但它们不如基于随机森林的半监督分类方法有效。CICAndMalware 的目标是评估替代特征选择和半监督分类算法用于勒索软件分析。必须在勒索软件检测和预防中使用机器学习理念，以增强当前方法。Argus 服务器和客户端应用程序被集成到一个名为 Biflow 的网络入侵检测系统中，该系统使流导向方法来识别勒索软件。为了对数据集进行分类，采用了六种特征选择策略，并应用了监督机器学习以提高检测模块的准确性和性能。随机森林作为基础识别器的勒索软件半监督分类优于其他半监督分类方法。必须在勒索软件检测和预防中使用机器学习理念，以增强当前方法。机器学习模型是使用长短期记忆（LSTM）构建的。Maniath 等人[39] 开发的该网络用于二进制序列 API 调用分类技术对勒索软件进行分类。通过 Windows API 调用、注册表键操作、文件系统操作、按文件扩展名执行的文件操作集、目录操作、丢弃的文件、被丢弃的文件、字符串和动态链接库检索用来检索和动态分析数据集。ElDeRan 使用基于 ElDeRan 的技术对勒索软件进行动态分类和评估。Cuckoo Sandbox 环境中执行特征选择和分类，它使用两个机器学习组件：Maniath 等人开发的长期短期记忆（LSTM）网络和其他用于隐藏可执行文件中的勒索软件的分类方法。Sgandurra 等人[38] 建议使用基于 ElDeRan 的技术对勒索软件进行动态评估。机器学习可以精确地识别新的勒索软件变体和家族，加强 LSTM 网络可以提高整体精确率。机器学习可以创建一个革命性的动态恶意软件检测方法来识别新的勒索软件变体。基于深度神经网络（DNN）可以创建一种革命性的动态恶意软件检测方法来识别新的勒索软件变体。研究人员建议基于深度神经网络（DNN）和卷积神经网络（CNN）技术建立动态恶意软件检测系统[40]。根据评估报告，DNN 和 LSTM 的组合识别新的恶意软件的精确率可达 91.63%。也可以使用深度学习检测 Android 恶意软件。Masum 和 Shahriar 创建的用于 Android 恶意软件分类的深度学习框架（自动深度学习器），超越了尖端机器学习技术。Droid-NNet 基于 Malgenome-215 和 Drebin-215 两个安卓应用集的评估，表明其在安卓平台上提出了强大有效的恶意软件检测能力[42]。

10.5 使用人工智能的恶意软件检测

恶意软件持续发展和多样化使得现代系统面临越来越大的风险，需要开发独特解决方案防范网络犯罪。另外，人工智能是一个不断发展的动态领域，同时也在广泛的应用中取得了令人印象深刻的成果。

反恶意软件系统受益于人工智能的进步，能够抑制当前防范技术限制。目前开发的恶意软件检测系统，能够监控并区分有害软件和非恶意软件，以便对它们进行正确的分析。为了正确分析有害和非恶意软件，研究人员开发了能够同时监控这两类软件的恶意软件检测算法，如图 10.4 所示。其检测技术流程图如图 10.5 所示。

（1）可以使用基于签名的检测方法检测特征以识别和检测攻击，该方法包括四个步骤[43]。如果在数据库中发现病毒，可以通过扫描文件并将其内容与病毒特征数据库匹配。如果数据与数据库匹配，该文件就会被标记为感染。该技术在识别已知恶意软件方面具有重大优势，但在检测新兴恶意软件方面有一定缺点[44]。IDS（入侵检测系统）使用统计流量模型建立并维护数据库。当 IDS 检测到可疑活动时，它会将各种来源的流量与预定的流量模式集进行比较，并将结果通知管理员。

第 10 章　基于人工智能技术的恶意软件和勒索软件分类、检测和防护 | 165

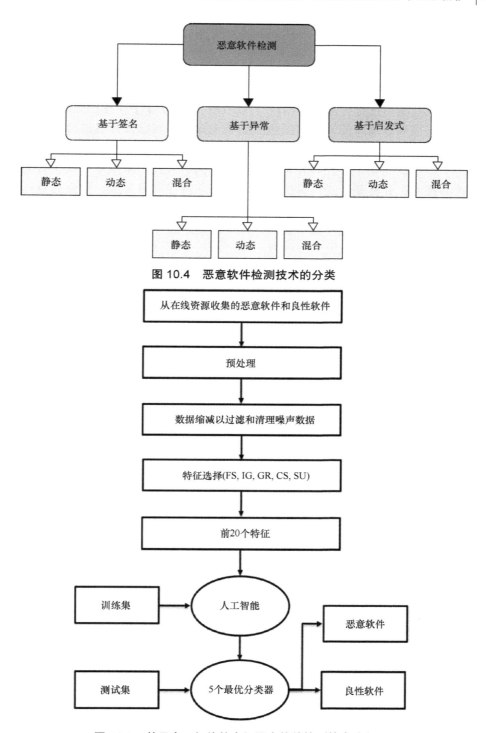

图 10.4　恶意软件检测技术的分类

图 10.5　基于人工智能的未知恶意软件检测技术流程图

（2）基于异常的网络入侵检测：基于异常的网络入侵检测将会隔离异常的网络活动[45]，通过分类算法应用于系统行为，以规避基于签名的方法的限制，并允许用户识别任何类型的恶意软件，无论是已知的还是未知的。需要将基于模式的检测转向基于分类的检测，可提高发现恶意软件的可能性。几乎所有基于异常的网络入侵检测系统都使用操作阶段（ANIDS）。数据库中存在已知的攻击签名，其来源于连接到数据库的大量数据包。如果未知签名与已知签名进行匹配，系统管理员将被告知。

（3）为了提高基于特征和异常的检测系统的有效性，采用基于人工智能的启发式检测技术，并将基于遗传算法的机器学习与神经网络集成，增强恶意软件检测系统的分类过程并响应环境变化。继承、选择和组合可从各个角度寻求最优方案，所有方法都无需事先与系统进行匹配。启发式技术优于早期方法，因为它结合了统计和数学的思想。

（4）采用人工智能检测恶意软件：Garfinkel 和 Rosenblum[46] 提出了一种虚拟机监控检测恶意软件的方法。评估表明，使用虚拟机监控器可以对主机和有效程序之间可施加特定限制。如图 10.6 所示，保持基于主机的 IDS 透明，同时将 IDS 与主机隔离，以提高对攻击的抵抗力。

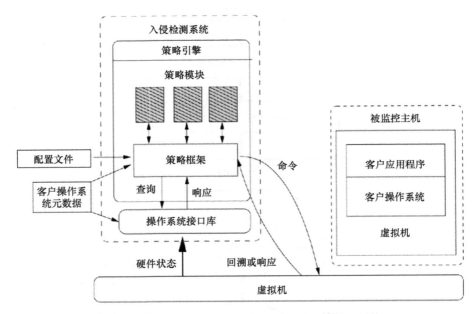

图 10.6　对 VMI 基础的高层次视图

然而，这里所列方法受错误和防篡改性的限制。相比之下，Li 等人[47] 提出了一种基于图卷积网络的恶意软件分类方法，能够适应各种恶意软件。此技术利用有向无环图从恶意软件的代码中提取 API 调用序列，并通过结合马尔可夫链与主成分分析（PCA）方法设计出高效的识别器，进而构建了卷积网络。此外，对该模型性能进行了全面评估并与其他现有策略进行了对比分析。其中，图卷积网络（GCN）被用作整个恶意软件检测系统的核心技术之一，实现了高达 98.32% 的精确率，在假阳性率（FPR）和整体准确性方面均超过了目前市面上的其他解决方案。

10.6 勒索软件检测

10.6.1 方法论

在识别勒索软件时，需要依赖机器学习识别器，比如决策树、随机森林、朴素贝叶斯、逻辑回归和神经网络设计。图 10.7 显示了模型的结构。为了使模型更通用，这里采用了 10 倍交叉验证策略。勒索软件数据中的不同比例因子被标准化，以提供一个共同的测量范围。为了从真实观测中区分出勒索软件，采用了特征选择方法，从数据中提取多个关键属性。最后对模型的精确率、F-beta 值（F_β）以及其他指标进行了分析，如准确度、召回率和 ROC 曲线下面积，以观察它们的表现如何。

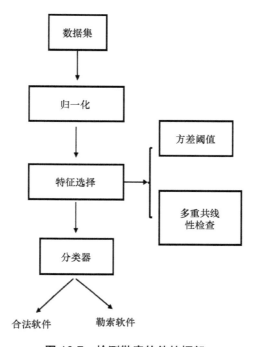

图 10.7　检测勒索软件的框架

10.6.2 实验和结果

在数据集中,有138,047个样本,具有54个特征,其中70%的样本是恶意软件,30%是合法文件。数据集分布如图10.8的左图所示。

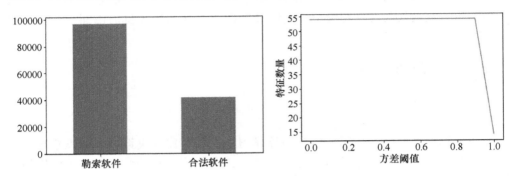

图10.8 数据集的分布(左)和方差阈值不同的要素数量(右)

特征选择:使用Z值方法进行标准化导致每个变量都被放到一个标准差为1的尺度上。方差阈值和膨胀因子被用来从数据集中排除低变异性及强相关的变量。在移除了低变异性的特征后,创建了一个方差阈值为1的设定。当阈值设为1时,特征数量从54减少到了13。从图10.8的右图中可以看到,不同的特征对于变异有不同的阈值设定。

在第二轮特征选择过程中使用了方差膨胀因子(VIF)作为工具,以评估模型中各变量之间是否存在多重共线性的问题。具体来说,对于那些方差较大的特征,通过计算它们的VIF值来判断其与其他自变量之间的相关性。根据经验法则,当某个变量的VIF值大于等于10时,该变量存在较强的多重共线性。在这种情况下,需要从模型中删除这个变量或者采取其他措施减少影响,以提高模型的整体性能和稳定性。

特征分析:平均和最大格栅宽度的VIF分数分别为19.52和198,这表明存在多重共线性。在这些特征中,有一个变量是随机选取的。根据表10.1,所有特征的VIF均未超过设定的高异常阈值。最终使用了一个识别器识别勒索软件。

评估指标:

召回率:所有显性样本中真阳性预测的比例。数学上:

$$召回率 = \frac{TP}{TP + FN} \quad (10.1)$$

在本例中,TP代表真阳性(正确显性预测的数量),FN代表假阴性(不正确阴性预测的数量)。

准确度:已确定的预测阳性的百分比如下:

第 10 章 基于人工智能技术的恶意软件和勒索软件分类、检测和防护

$$准确度 = \frac{TP}{TP + FP} \quad (10.2)$$

F1 值：准确度和召回率的中和。F1 值优于不平衡数据的准确度指标。

$$F1值 = 2 \times \frac{准确度 \times 召回率}{准确度 + 召回率} \quad (10.3)$$

F-Beta 值是召回准确度的加权调和平均值，其中 F-Beta 值为 1 为满分（完美的准确度和召回率），0 为最差。

$$F_{\beta} = (1 + \beta^2) \frac{准确度 \times 召回率}{(\beta^2 \times 准确度) + 召回率} \quad (10.4)$$

当 $\beta = 1$ 时，F-Beta 值为 F1 值，β 参数决定准确度和召回率的权重。如果想要提供准确度，可以选择 $\beta < 1$，而 $\beta > 1$ 值则提供更大的权重来回溯。

实验设置：将模型与决策树（DT）、随机森林（RF）、朴素贝叶斯（NB）、逻辑回归（LR）和神经网络（NN）方法进行比较与评估。真实样本和恶意样本均分在两个数据集分别进行训练和测试。从训练和测试数据中提取信息用于开发和评估每个待测模型。每个模型都进行了 10 次交叉验证，以确保结果的一致性。本章使用了基于 RF、LR、NB、DT 和 NN 的识别器对这两个数据集进行了对比。利用 Scikit-learn 和超参数设置创建算法，并用 Python 进行编码实现。该神经网络包含四个层级：输入层、两个隐藏层以及输出层。由于这是一个二元分类问题，需要在隐藏层中使用 ReLU 激活函数，在输出层中使用 Sigmoid 函数。优化器和损失函数分别指定为"Adam"和"二进制交叉熵"。当测试数据的表现开始恶化时，会采用早期停止进程终止训练过程。对于早期停止进程机制，需要将最小增量设定为 1×10^{-3}，并将等待周期设为 5 以监测验证损失的变化情况。如果连续 5 次迭代后验证损失没有明显改善，则认为达到了早期停止进程机制，此时训练将会被终止。这是学习过程中的一个重要环节。

结果：对于勒索软件数据集，使用决策树、随机森林、朴素贝叶斯、逻辑回归和神经网络来分析。使用 F-Beta 值评估各模型的性能。每个实验总共进行了十次交叉验证。所有数据集使用相同的设置保持一致性。表 10.1 展示了模型的精确率、F-Beta 值、召回率和准确度。在准确度、精确率和 F-Beta 值方面，随机森林显著优于其他模型。尽管朴素贝叶斯识别器的召回率最高（0.990），但在其他指标上表现不佳。

决策树、神经网络识别器在性能方面优于随机森林识别器。尽管与其他算法相比具有较高的精确率，但逻辑回归的 F-Beta 值和召回率还不够好。每个识别器的十倍交叉验证和平均 ROC 曲线如图 10.9 和图 10.10 所示。随机森林、逻辑回归和神经网络具有最高的平均精确率，为 0.99，而朴素贝叶斯具有最低的精确率（平均精确率为 0.73）。

表 10.1 不同分类器的实验结果分析

分类器	精确率	F-Beta 值	召回率	准确度
决策树（DT）	0.98 ± 0.01	0.94 ± 0.05	0.94 ± 0.05	0.98 ± 0.00
随机森林（RF）	0.99 ± 0.01	0.97 ± 0.03	0.97 ± 0.03	0.99 ± 0.00
朴素贝叶斯（NB）	0.35 ± 0.03	0.97 ± 0.03	0.99 ± 0.00	0.31 ± 0.01
逻辑回归（LR）	0.96 ± 0.02	0.89 ± 0.07	0.89 ± 0.07	0.96 ± 0.00
神经网络（NN）	0.97 ± 0.01	0.95 ± 0.05	0.95 ± 0.05	0.97 ± 0.00

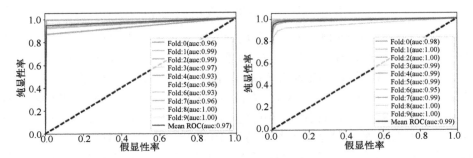

图 10.9 决策树分类器（左）和随机森林分类器（右）的 ROC 曲线（见彩插）

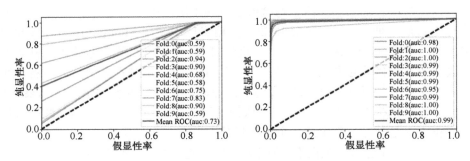

图 10.10 朴素贝叶斯分类器（左）和神经网络分类器（右）（见彩插）

10.7 结论

金融机构、企业和个人越来越容易受到恶意软件和勒索软件的影响。通过实施自动化检测、分类和预防系统，可以最大限度地减少恶意软件和勒索软件攻击。本章使用多种机器学习算法，包括基于神经网络的识别器，以创建一个独特框架，用于成功分类和检测勒索软件。本章使用勒索软件数据集尝试了几个识别器，例如决策树、随机森林、朴素贝叶斯、逻辑回归和支持向量机。十倍交叉验证表明，随机森林在准确度、F-Beta 值和精确率方面优于其他识别器，同时保持了合理的一致性水平。反恶意软件和反勒索软件系统能够识别和防止恶意软件和勒索软件攻击以及软件应用程序中的安全缺陷，并将从人工智能识别和防止这些问题的能力中受益。本章详细介绍了恶意软件、勒索软件和人工智能的应用。

参考文献

[1] K. Shaukat, S. Luo, V. Varadharajan, I. A. Hameed, and M. Xu, "A Survey on Machine Learning Techniques for Cyber Security in the Last Decade," IEEE Access, vol. 8, pp. 222310–222354, 2020, doi: 10.1109/ACCESS.2020.3041951.

[2] N. Shah and M. Farik, "Ransomware-Threats, Vulnerabilities and Recommendations," Int. J. Sci. Technol. Res., 2017. [Online]. Available: https://www.ijstr.org/final-print/june2017/Ransomware-Threats-Vulnerabilities-And-Recommendations.pdf.

[3] M. J. Hossain Faruk et al., "Malware Detection and Prevention using Artificial Intelligence Techniques," Proc. 2021 IEEE Int. Conf. Big Data, Big Data, 2021, [Online]. Available: https://www.researchgate.net/publication/357163392.

[4] S. Levy and J. R. Crandall, "The Program with a Personality: Analysis of Elk Cloner, the First Personal Computer Virus," 2020. [Online]. Available: http://arxiv.org/abs/2007.15759.

[5] I. Khan, "An Introduction to Computer Viruses: Problems and Solutions," Libr. Hi Tech News, vol. 29, no. 7, pp. 8–12, 2012, doi: 10.1108/07419051211280036.

[6] F. Noorbehbahani, F. Rasouli, and M. Saberi, "Analysis of Machine Learning Techniques for Ransomware Detection," Proc. 16th Int. ISC Conf. Inf. Secur. Cryptology, Isc., pp. 128–133, 2019, doi: 10.1109/ISCISC48546.2019.8985139.

[7] U. Adamu and I. Awan, "Ransomware Prediction using Supervised Learning Algorithms," Proc. 2019 Int. Conf. Futur. Internet Things Cloud, FiCloud 2019, pp. 57–63, 2019, doi: 10.1109/FiCloud.2019.00016.

[8] K. Savage, P. Coogan, and H. Lau, "The Evolution of Ransomware," Res. Manag., vol. 54, no. 5, pp. 59–63, 2015. [Online]. Available: http://openurl.ingenta.com/content/xref?genre=article&issn=0895-6308&volume=54&issue=5&spage=59.

[9] M. Joshi, B. V Patil, and M. J. Joshi, "A Study of Past, Present Computer Virus & Performance of Selected Security Tools," 2012. [Online]. Available: https://www.researchgate.net/publication/288725457.

[10] "History of the {Antivirus}," Hotspot Shield VPN, 2017. [Online]. Available: https://www.hotspotshield.com/blog/history-of-the-antivirus/.

[11] G. Vigna, "How AI Will Help in the Fight Against Malware," TechBeacon, 2017. [Online]. Available: https://techbeacon.com/how-ai-will-help-fight-against-malware.

[12] D. W. Fernando, N. Komninos, and T. Chen, "A Study on the Evolution of Ransomware Detection using Machine Learning and Deep Learning Techniques," IoT, vol. 1, no. 2, pp. 551–604, 2020, doi: 10.3390/iot1020030.

[13] F. Noorbehbahani and M. Saberi, "Ransomware Detection with Semi-Supervised Learning," Proc. 2020 10th Int. Conf. Comput. Knowl. Eng. ICCKE, pp. 24–29, 2020, doi: 10.1109/ICCKE50421.2020.9303689.

[14] M. Ahmad, "Malware in Computer Systems: Problems and Solutions," Int. J. Informatics Dev., vol. 9, p. 1, 2020, doi: 10.14421/ijid.2020.09101.

[15] S. Gupta, "Types of Malware and its Analysis," Int. J. Sci. Eng. Res., vol. 4, no. 1, pp. 1–13, 2013.

[16] S. Poudyal, Z. Akhtar, D. Dasgupta, and K. D. Gupta, "Malware Analytics: Review of Data Mining, Machine Learning and Big Data Perspectives," Proc. 2019 IEEE Symp. Ser. Comput. Intell. SSCI, pp. 649–656, 2019, doi: 10.1109/SSCI44817.2019.9002996.

[17] FBI's IC3, "2020 Internet Crime Report," Fed. Bur. Investig. Internet Crime Complain. Cent., pp. 1–28, 2020. [Online]. Available: https://www.ic3.gov/Media/PDF/AnnualReport/2020_IC3Report.pdf.

[18] A. Kapoor, A. Gupta, R. Gupta, S. Tanwar, G. Sharma, and I. E. Davidson, "Ransomware Detection, Avoidance, and Mitigation Scheme: A Review and Future Directions," Sustainability, vol. 14, no. 1, 2022, doi: 10.3390/su14010008.

[19] H. Hassani, E. S. Silva, S. Unger, M. TajMazinani, and S. Mac Feely, "Artificial Intelligence (AI) or Intelligence Augmentation (IA): What Is the Future?," AI, vol. 1, no. 2, pp. 143–155, 2020, doi: 10.3390/ai1020008.

[20] A. Irizarry-Nones, A. Palepu, and M. Wallace, "Artificial Intelligence (AI)," CISSE, 2019. [Online]. Available: https://cisse.info/pdf/2019/rr_01_artificial_intelligence.pdf.

[21] S. Ahn et al., "A Fuzzy Logic Based Machine Learning Tool for Supporting Big Data Business Analytics in Complex Artificial Intelligence Environments," Proc. IEEE Int. Conf. Fuzzy Syst., vol. 2019, June, 2019, doi: 10.1109/FUZZ-IEEE.2019.8858791.

[22] J. Alzubi, A. Nayyar, and A. Kumar, "Machine Learning from Theory to Algorithms: An Overview," J. Phys. Conf. Ser., vol. 1142, no. 1, 2018, doi: 10.1088/1742-6596/1142/1/012012.

[23] T. Oladipupo, "Machine Learning Overview," New Adv. Mach. Learn., 2010, doi: 10.5772/9374.

[24] A. Cranage, "Getting Smart About Artificial Intelligence," Wellcome

Sanger Inst., 2019. [Online]. Available: https://sangerinstitute.blog/2019/03/04/getting-smart-about-artificial-intelligence.

[25] M. O. F. Rokon, R. Islam, A. Darki, E. E. Papalexakis, and M. Faloutsos, "SourceFinder: Finding Malware Source-Code from Publicly Available Repositories in GitHub," Proc. 23rd Int. Symp. Res. Attacks, Intrusions Defenses RAID 2020, pp. 149–163, 2020.

[26] N. Sharma and B. Arora, "Data Mining and Machine Learning Techniques for Malware Detection," Adv. Intell. Syst. Comput., vol. 1187, pp. 557–567, 2021, doi: 10.1007/978-981-15-6014-9_66.

[27] S. Sharma, C. Rama Krishna, and S. K. Sahay, "Detection of Advanced Malware by Machine Learning Techniques," Adv. Intell. Syst. Comput., vol. 742, pp. 333–342, 2019, doi: 10.1007/978-981-13-0589-4_31.

[28] S. Saad, W. Briguglio, and H. Elmiligi, "The Curious Case of Machine Learning in Malware Detection," Proc. 5th Int. Conf. Inf. Syst. Secur. Priv. ICISSP 2019, pp. 528–535, 2019, doi: 10.5220/0007470705280535.

[29] S. A. Repalle and V. R. Kolluru, "Intrusion Detection System using AI and Machine Learning Algorithm," Int. Res. J. Eng. Technol., vol. PAPER 2, no. 12, pp. 1709–1715, 2017.

[30] I. Baptista, S. Shiaeles, and N. Kolokotronis, "A Novel Malware Detection System based on Machine Learning and Binary Visualization," Proc. 2019 IEEE Int. Conf. Commun. Work. ICC Work. 2019, 2019, doi: 10.1109/ICCW.2019.8757060.

[31] M. Masum et al., "Bayesian Hyperparameter Optimization for Deep Neural Network-Based Network Intrusion Detection," Proc. 2021 IEEE Int. Conf. Big Data (Big Data), pp. 5413–5419, 2022, doi: 10.1109/bigdata52589.2021.9671576.

[32] A. M. Abiola and M. F. Marhusin, "Signature-Based Malware Detection using Sequences of N-Grams," Int. J. Eng. Technol., vol. 7, no. 4, pp. 120–125, 2018, doi: 10.14419/ijet.v7i4.15.21432.

[33] D. Nieuwenhuizen, "A Behavioural-Based Approach to Ransomware Detection," MWR Labs, 2017. [Online]. Available: https://labs.f-secure.com/assets/resourceFiles/mwri-behavioural-ransomware-detection-2017-04-5.pdf.

[34] Y. L. Wan, J. C. Chang, R. J. Chen, and S. J. Wang, "Feature-Selection-Based Ransomware Detection with Machine Learning of Data Analysis," Proc. 2018 3rd Int. Conf. Comput. Commun. Syst. ICCCS 2018, pp. 392–396, 2018, doi: 10.1109/CCOMS.2018.8463300.

[35] F. Khan, C. Ncube, L. K. Ramasamy, S. Kadry, and Y. Nam, "A Digital DNA Sequencing Engine for Ransomware Detection using Machine Learning," IEEE Access, vol. 8, pp. 119710–119719, 2020, doi: 10.1109/ACCESS.2020.3003785.

[36] S. Poudyal, K. P. Subedi, and D. Dasgupta, "A Framework for Analyzing

Ransomware using Machine Learning," Proc. 2018 IEEE Symp. Ser. Comput. Intell. SSCI 2018, pp. 1692–1699, 2019, doi: 10.1109/SSCI.2018.8628743.

[37] V. G. Ganta, G. Venkata Harish, V. Prem Kumar, and G. Rama Koteswar Rao, "Ransomware Detection in Executable Files using Machine Learning," Proc. 5th IEEE Int. Conf. Recent Trends Electron. Inf. Commun. Technol. RTEICT 2020, pp. 282–286, 2020, doi: 10.1109/RTEICT49044.2020.9315672.

[38] D. Sgandurra, L. Munoz-González, R. Mohsen, and E. C. Lupu, "Automated Dynamic Analysis of Ransomware: Benefits, Limitations and use for Detection," 2016. [Online]. Available: http://arxiv.org/abs/1609.03020.

[39] S. Maniath, A. Ashok, P. Poornachandran, V. G. Sujadevi, A. U. P. Sankar, and S. Jan, "Deep Learning LSTM based Ransomware Detection," Proc. 2017 Recent Dev. Control. Autom. Power Eng. RDCAPE 2017, pp. 442–446, 2018, doi: 10.1109/RDCAPE.2017.8358312.

[40] M. Masum et al., "Bayesian Hyperparameter Optimization for Deep Neural Network-Based Network Intrusion Detection," Proc. 2021 IEEE Int. Conf. Big Data, Big Data, 2021, [Online]. Available: https://www.researchgate.net/publication/357164131.

[41] H. Ghanei, F. Manavi, and A. Hamzeh, "A Novel Method for Malware Detection Based on Hardware Events using Deep Neural Networks," J. Comput. Virol. Hacking Tech., vol. 17, no. 4, pp. 319–331, 2021, doi: 10.1007/s11416-021-00386-y.

[42] M. Masum and H. Shahriar, "Droid-NNet: Deep Learning Neural Network for Android Malware Detection," Proc. 2019 IEEE Int. Conf. Big Data, Big Data, pp. 5789–5793, 2019, doi: 10.1109/BigData47090.2019.9006053.

[43] O. O. Cyril, T. Elmissaoui, M. C. Okoronkwo, M. Ihedioha Uchechi, C. H. Ugwuishiwu, and O. B. Onyebuchi, "Signature Based Network Intrusion Detection System using Feature Selection on Android," Int. J. Adv. Comput. Sci. Appl., vol. 11, no. 6, pp. 551–558, 2020, doi: 10.14569/IJACSA.2020.0110667.

[44] Y. Ye, T. Li, Q. Jiang, Z. Han, and L. Wan, "Intelligent File Scoring System for Malware Detection from the Gray List," Proc. ACM SIGKDD Int. Conf. Knowl. Discov. Data Min., pp. 1385–1393, 2009, doi: 10.1145/1557019.1557167.

[45] V. Jyothsna and K. Munivara Prasad, "Anomaly-Based Intrusion Detection System," Comput. Netw. Secur., 2020, doi: 10.5772/intechopen.82287.

[46] T. Garfinkel and M. Rosenblum, "A Virtual Machine Introspection Based Architecture for Intrusion Detection," Proc. Netw. Distrib. Syst.

Secur., vol. 1, pp. 253–285, 2003. [Online]. Available: http://citeseerx.ist.psu.edu/viewdoc/download?doi=10.1.1.11.8367&rep=rep1&type=pdf%5Cnhttp://www.isoc.org/isoc/conferences/ndss/03/proceedings/papers/13.pdf.

[47] S. Li, Q. Zhou, R. Zhou, and Q. Lv, "Intelligent Malware Detection Based on Graph Convolutional Network," J. Supercomput., 2021, doi: 10.1007/s11227-021-04020-y.

[48] M. Masum, M. J. Hossain Faruk, and H. Shahriar, "Ransomware Classification and Detection With Machine Learning Algorithms," Proc. IEEE Annu. Comput. Commun. Work. Conf., Jan. 2022. [Online]. Available: https://www.researchgate.net/publication/357335797.

[49] M. Mathur, "Ransomware (Malware) Detection using Machine Learning," Github, [Online]. Available: https://github.com/muditmathur2020/RansomwareDetection/blob/master/RansomwareDetection.ipynb.

第 11 章　基于神经网络的高质量 GAN 生成面部图像检测

Ehsan Nowroozi[1], Yassine Mekdad[2]

[1] 土耳其萨班奇大学工程和自然科学学院（FENS）数据分析卓越中心（VERIÍ）

[2] 美国佛罗里达国际大学电子与计算机工程系网络物理系统安全实验室

电子邮箱：ehsan.nowroozi@sabanciuniv.edu; ymekdad@fiu.edu

摘要

在过去的几十年里，计算机视觉领域过度使用了上一代生成对抗网络（GAN）模型，使创造在视觉上高度相似真实图像的人工面部图像成为可能。其主要应用于对抗环境创建虚假社交媒体账户和其他虚假在线个人资料。因此，此类恶意活动可能对用户身份可信度产生负面影响。另一方面，GAN 模型的最新发展可能会创造出高质量的面部图像，且不会留下任何空间伪造的证据。因此，重建均匀色彩通道关联性成为了一个具有挑战性的研究问题。为了应对这些挑战，需要开发能够识别虚假和真实面部图像的高效工具。

本章提出了一种新策略，针对计算机生成的面部图像，利用光谱带差异将 GAN 生成的图像与真实图像区分。具体来说，运用跨频带共现矩阵和空间共现矩阵分析和保存面部图像的特征，随后将其应用于卷积神经网络（CNN）架构，以识别真实和计算机生成的面部图像。此外，本节所示实验结果显示性能提升显著，在不同的后处理环境中准确率均超过了 92%。最后将提供一系列研究结果，证明该方法相较其他检测方法有显著改进。

关键词：卷积神经网络，机器和深度学习，生成式对抗网络，深度伪造，对抗性多媒体取证，对抗性学习，网络安全。

11.1　引言

机器和深度学习模型促进了生成式对抗网络（Generative Adversarial Network，GAN）的发展[7]。该模型可从头开始创建完全人工的图像，并添加如图像编辑、属性操作和风格重塑等额外功能。由于深度神经网络的显着效率，使并非专家的普通人可以生成逼真的假照片。尤其最新版本的 GAN 可以生成非常高质量的图片，例如面部图像，这可能会有效地欺骗用户[2]。基于现实中的应用程序，GAN 合成内容的潜在滥用引起了人们的严重担忧，因此需要创建能够区分真实图像和人造图像的图像取证系统。目前在多媒体取证中提出了多种方法识别图像是真实的还是 GAN 生成的。最新的方法聚焦卷积神经网络（CNN）模型，可以取得出色的效果。本节提出了一种可以对 GAN 生成的图像产生极其出色的检测性能方法。该方法从不同的颜色图像频段生成共生矩阵，然后将其反馈到卷积神经网络中。

近期的 GAN 模型能够生成质量极高、几乎无法分辨空间误差的图像，这使得颜色重构之间一致性任务变得更加复杂。本章旨在通过参考文献 [16] 所提出的技术进行改进，提升对 GAN 生成图像的鉴别能力。具体提出了一种基于单色通道独立估算跨带及灰度级共生特性的卷积神经网络检测算法。实验采用广为人知的 StyleGAN 模型[9, 10]，相较于 ProGAN 等早期版本，能够生成更为精细逼真的图片，这增加了识别难度。相比参考文献 [16]，使用 CNN 检测方法展现出了接近最优的效果，并且结合图像后处理过程显示出更强的稳定性。

鉴于 JPEG 压缩人脸识别的几种方法存在缺陷，这里使用 JPEG 压缩人脸重新训练模型，以识别经过 JPEG 压缩的图像。试验结果表明，JPEG 感知模型在匹配和不匹配的情况下均能以高准确度完美检测 JPEG 压缩 GAN 生成的图像。特别值得注意的是，当 JPEG 质量因子仅被用于模型的训练和验证时，其性能表现与未引入此因素相比有了明显改善。在本研究中，试验结果展示了 JPEG 感知模型在对压缩前的图像进行后处理的环境中的有效性，这进一步证明相较于传统的后处理方法，JPEG 感知模型检测器展现出了更强的鲁棒性。

11.1.1 本章内容

本章剩余部分安排如下：11.2 节简要介绍 GAN 图像识别的研究工作，强调颜色空间分析的相关方法；11.3 节介绍评估的技术细节；11.4 节提出作者使用的方法；11.5 节展示实验结果并进行深入分析；11.6 节提出思考和展望。

11.2 现有技术

前期工作提出了若干方法识别通过 GAN 生成的人工图像和真实图像。一些算法使用特定面部特征[14]。参考文献 [18] 提出可以通过评估面部特征点并进行训练以支持向量机，从而识别 GAN 生成的图像。还有文献提出利用颜色信息总结 GAN 特性的方法[15]，研究人员依据颜色信息与亮度之间的差异，通过对 GAN 网络行为及颜色线索进行分析，提出了两项评估指标。

通常在残差图像上计算的共现特征通常用于识别或定位修改的检测技术中[1, 3]，需要考虑 SPAM 特征[17]、颜色图像特征建模[5] 等图片伪造技术。建议研究者进行特别关注集合颜色模型和类似 SPAM 属性的方法评估检测 GAN 图像。在这种情况下，从多个颜色的截断残差和红色、绿色和蓝色重构通道进行合并，构建和截断残差图像中检索共现矩阵。然后，将共现矩阵串成特征集，然后用于训练支持向量机（SVM）。

近期有文献提出了基于卷积神经网络（CNN）的方法[12, 13]，相较于传统机器学习基础算法以及手工特征提取的技术效果了明显优势。也有文献提供了一种增量学习方法，旨在减少依赖大量不同类型 GAN 模型训练数据集的需求。在最近的一篇文献中[16]，研究者证明了相较直接从噪声残差中提取特征，采用共生矩阵（通过对原始图像进行处理后得到的特定模式）作为输入，可显著提升面部 GAN 识别的效果。

在本章中，作者基于 CNN 模型有效性的显著提升，开发了一种新的检测方法，可通过观察共生跨带矩阵来识别不同颜色分量间的差异，支持更准确分析和理解图像中的颜色分布情况。

11.3 交叉共现矩阵计算

近期的验证表明像素共现的差异可能会识别 GAN 要素。有研究者[16]提出了一种方法，在红色、绿色和蓝色通道上分别生成三个共现矩阵，并将这三个矩阵作为张量输入到卷积神经网络中。随后该网络通过 GAN 生成的图像和真实图像进行学习，从共生矩阵中提取出独特的特征，实现超越现有方法的性能。这里提出名为"Co-Net"的模型，这是一个专门在共现矩阵上进行训练的卷积神经网络模型。

在不同颜色带之间重建一致的关系对于 GAN 来说是一项具有挑战性的任务。因此，为了利用颜色带之间的相关性，采用交叉共现估计的方法，并将其与在单个带估计的空间共现同时输入 CNN 模型。在这种情况下，将"Cross-Co-Net"定义为使用此策略训练的网络的名称。采用跨带特征应该能够有效抑制标准后处理操作，其强调空间像素相关性而不是跨带特征。

给定大小为 $H \times V \times 3$ 的图像 $I = (a,b,c)$，红色、绿色和蓝色是二维矩阵。对于位移 $\tau = (\tau_a, \tau_b)$，定义通道红色、绿色和蓝色的空间共生矩阵如下：

$$W_\tau(x,y;红) = \sum_{a=1}^{H}\sum_{b=1}^{V} \begin{cases} 1 & 当\tau(a,b) = x \text{ 且红}(a+\tau_a, b+\tau_b) = y \\ 0 & 其他 \end{cases} \quad (11.1)$$

$$W_\tau(x,y;绿) = \sum_{a=1}^{H}\sum_{b=1}^{V} \begin{cases} 1 & 当\tau(a,b) = x \text{ 且绿}(a+\tau_a, b+\tau_b) = y \\ 0 & 其他 \end{cases} \quad (11.2)$$

$$W_\tau(x,y;蓝) = \sum_{a=1}^{H}\sum_{b=1}^{V} \begin{cases} 1 & 当\tau(a,b) = \text{且蓝}(a+\tau_a, b+\tau_b) = y \\ 0 & 其他 \end{cases} \quad (11.3)$$

对于红色、绿色和蓝色通道，$I(a,b,1)$，其中 x、y 是 0 到 255 之间的整数。可以注意到，RG、GB 和 RB 分别代表红色和绿色、绿色和蓝色以及红色和蓝色。接下来描述红色、绿色和蓝色通道的交叉共生矩阵构建：

$$W_{\tau'}(x,y;\text{RG}) = \sum_{a=1}^{H}\sum_{b=1}^{V}\begin{cases} 1 & \text{当}\, i(a,b,1)=x \text{ 且 } I(a+\tau'_a,b+\tau'_b,2)=y \\ 0 & \text{其他} \end{cases} \quad (11.4)$$

$$W_{\tau'}(x,y;\text{GB}) = \sum_{a=1}^{H}\sum_{b=1}^{V}\begin{cases} 1 & \text{当}\, I(a,b,1)=x \text{ 且 } I(a+\tau'_a,b+\tau'_b,2)=y \\ 0 & \text{其他} \end{cases} \quad (11.5)$$

$$W_{\tau'}(x,y;\text{RB}) = \sum_{a=1}^{H}\sum_{b=1}^{V}\begin{cases} 1 & \text{当}\, I(a,b,1)=x \text{ 且 } I(a+\tau'_a,b+\tau'_b,2)=y \\ 0 & \text{其他} \end{cases} \quad (11.6)$$

偏移量 $\tau'=(\tau'\_x,\tau'\_y)$ 被用于通道间，而不是在单个通道内给出，换句话说，是在不同颜色带之间。在跨颜色带场景中的偏移量考虑了两个影响因素：不同的颜色带以及不同空间位置的差异。对于交叉共生分析，τ' 的 (0,0) 表示图像像素中没有任何移动的情况；另一方面，需要考虑了在颜色带中有移动的像素条件 (1,1)。构成 Cross-CoNet 网络 (τ_x, τ_y) 输入的六个张量是三个通道（红、绿、蓝）的共生矩阵和三对（红绿、红蓝、绿蓝）的交叉共生矩阵，即：

$$\begin{aligned} F_{\tau,\tau'}(x,y;:) = &[W_{\tau}(x,y;\text{Red}), W_{\tau}(x,y;\text{Green}), W_{\tau}(x,y;\text{Blue})], \\ &W_{\tau'}(x,y;\text{Red and Green}), W_{\tau'}(x,y;\text{Red and Blue}), \\ &W_{\tau'}(x,y;\text{Red and Blue}) \end{aligned} \quad (11.7)$$

图 11.1 中展示了一种用于识别高质量 GAN 生成的面部图像的卷积神经网络检测器架构。首先，将源图像输入到一个由空间和光谱共生矩阵组成的模块。接着，这个模块会提取出的特征被送入一个卷积神经网络，以判断输入的源图像是真实的人脸图像还是由 GAN 生成的人脸图像。

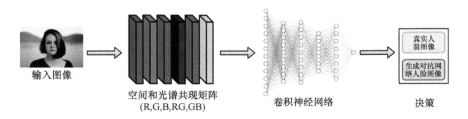

图 11.1 针对高质量 GAN 生成的面部图像所考虑的卷积神经网络检测器方案

11.4 评估方法

在没有恶意攻击者的环境下,使用 Cross-Co-Net 和 Co-Net 检测器都可以展现良好的网络韧性。为了增强分类器的安全性,这里通过使用降低分类器效能的攻击手段重新进行训练。本节中将详细阐述本节所述评估方法的试验设计和流程。

11.4.1 数据集

我们使用了包含合法和恶意面部图像的大型现实世界数据集,包括 Style-Gan2[10] 和 VIPPrint。值得注意的是,这两个数据集都被认为是高质量且具有挑战性的数据集。

StyleGAN2 数据集: StyleGAN2 图像数据集是基于对原始 StyleGAN 设计的改进,可生成极高质量的人工图像,并有出色的效果。使用 StyleGAN2 开发的面部图像几乎无法与真实面部分辨,因其面部与背景区域的界限不明显使得识别极为困难。为了训练 StyleGAN2 数据集,需要使用 Flickr-Faces-HQ(FFHQ)数据库,该数据库由一组 70000 张高质量人脸图像组成,作为 GAN 的基础进行训练。这些图像以 PNG 格式提供,1024×1024 像素,涵盖了广泛的年龄、性别、种族等特征。该数据集包括带有眼镜、太阳镜、帽子等人脸面部,并自动裁剪和对齐。图 11.2 展示了自然和生成的不同 StyleGAN2 面部图像。

a) 自然FFHQ图像　　　　b) StyleGAN2-generated图像

图 11.2　自然 FFHQ 和 StyleGAN 2 生成的几乎无法区分的图像

VIPPrint 数据集: 该数据集主要聚焦评估独特的大型打印数据集上的人工图像识别和来源追踪算法,其研究主要集中在识别特定打印机。每台打印机都会将其独特的效果融入所打印的颜色之中。基于对这些影响的认识,VIPPrint 方法被用于开发验证系统。为了生成 VIPPrint 图像,需要考虑采用 FFHQ 数据集的主要面部图像示例[9]。在此过程中,共打印并扫描了 40000 张京瓷(Kyocera)Task Alfa3551ci 面部图像,如图 11.3 所示。

第 11 章 基于神经网络的高质量 GAN 生成面部图像检测 | 181

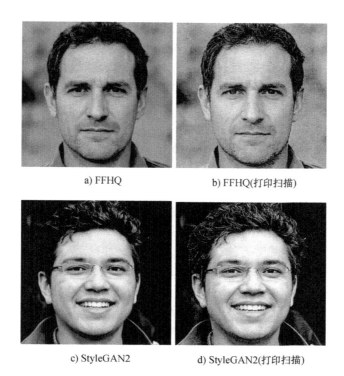

a) FFHQ b) FFHQ(打印扫描)

c) StyleGAN2 d) StyleGAN2(打印扫描)

图 11.3 真实 FFHQ 和 StyleGAN 2 使用打印扫描版本生成了面部图像

11.4.2 网络架构

网络架构方面，采用基于识别 GAN 生成的图像为基础进行设计，网络配置包括六个卷积层，紧随其后面的是一个全连接层，整体上称之为 "Cross-Co-Net"。并进行输入部分的调整，针对应用场景，网络接收六个频段的输入数据，相较于原始三个频段的输入（称为 "Co-Net"），更适应不同的数据处理需求。如图 11.4 所示，本节将展示网络架构的流程，并对各组成部分进行了如下描述：

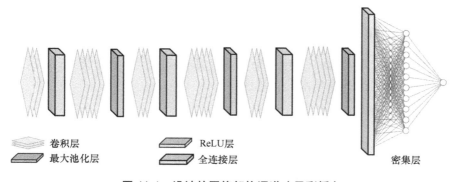

图 11.4 设计的网络架构通道（见彩插）

- 第一个卷积层有 32 个大小为 3×3 的过滤器，然后是 ReLu 层。
- 第二个卷积层有 32 个大小为 5×5 的过滤器，然后是最大池化层。
- 第三个卷积层有 64 个大小为 3×3 的过滤器，然后是第二个 ReLu 层。
- 第四个卷积层有 64 个大小为 5×5 的过滤器，然后是第二个最大池化层。
- 第五个卷积层有 128 个大小为 3×3 的过滤器，然后是第三个 ReLu 层。
- 第六个卷积层有 128 个大小为 5×5 的过滤器，然后是第三个最大池化层。
- 最后是一个具有 256 个节点的密集层，随后是一个 S 形层。

11.4.3 韧性分析

我们针对几种后处理技术评估韧性。首先将 Cross-Co-Net 与传统网络进行对比研究，并通过一系列几何变换，包括但不限于缩放、旋转、裁剪以及滤波处理，并涉及相关对比度调整方法，如 Gamma 校正和自适应直方图均衡（Adaptive Histogram Equalization，AHE）。在进行图像缩放时，采用了双三次插值算法，分别以 0.9、0.8、0.5 的比例缩小图片，并以 1.1、1.2、1.9 的比例放大图片。对于旋转操作，选取 5°、10°、45° 三个角度进行测试，所有上述操作均基于 880×880 像素图像完成。在滤波方面，选择了 3×3 和 5×5 进行中值滤波和模糊处理。同时，在真实环境下模拟了不同程度的高斯噪声干扰，其标准差分别为 0.5、0.8、2，均值均为 0。除此之外，还考察了不同强度下的 Gamma 校正效果（参数设置为 0.8、0.9、1.2）及特定阈值下的自适应直方图均衡性能（clip 参数设为 1.0）。最后，为了进一步验证所提方法的鲁棒性，还额外测试了两种后处理的影响：一是采用 3×3 大小的核函数进行模糊处理；二是应用特定的矩阵 [[-1，-1，-1]，[-1，-1，-1，-1]] 来实现边缘增强功能。

分析表明，JPEG 感知模型验证了 Cross-Co-Net 训练技术的有效性。值得注意的是，攻击者经常在数字图像取证中使用 JPEG 压缩来消除修改痕迹。此外通过压缩后处理过程评估了 JPEG 感知的 Cross-Co-Net 检测器的有效性。对于缩放因子 0.9 的 MIDI、窗口大小为 3×3 的中值滤波以及标准差为 2 的高斯噪声的情况，创建了已处理图像的 JPEG 压缩版本，并使用各种质量因子（QF）执行压缩。

11.5 实验结果

本节将展示实验结果，使用两个不同且具有挑战性的数据集 StyleGAN2 以及 VIPPrint 来评估提出的新技术的有效性。

11.5.1 实验设置

在实验中，使用了来自 StyleGAN2 数据集的 20000 张真实 FFHQ 图像和 20000 张 GAN 生成的图像。真实图像和 GAN 生成图像的具体用途如下：12000 张图像用于训练，4000 张图像用于验证，4000 张图像用于测试。关于 VIPPrint

数据集，将 40000 张真实图像和 GAN 生成的图像用途如下：20000 张打印扫描图像进行训练，10000 张图像用于验证，10000 张图像用于测试。

此外，这里使用随机梯度下降（Stochastic Gradient Descent，SGD）优化器，设定学习率为 0.01，动量为 0.9，批量大小为 40，训练周期为 40，使用 TensorFlow 的 Keras API 进行训练和测试，并使用相同的设置训练 CoNet 网络，以确保公平的评估。接着使用 Python 中的 OpenCV 包对实验结果进行后处理。对于每个处理操作和参数，集中测试每类总共 2000 个图像。为了识别 GAN 生成的人脸图像，构建了基于 JPEG 感知的 CoNet 模型，并利用了以下质量因子（75、80、85、90 和 95）。对于 15,000 张图像，3000 张进行质量因子训练，5000 张在真实和 GAN 中进行验证和测试。然后用 40 个训练周期重新训练模型，并使用了新的优化器。最后使用了一组特定的测试图像评估 JPEG 感知模型对后处理的鲁棒性。

11.5.2 检测器的性能和鲁棒性

本小节将评估 Cross-Co-Net 与 Co-Net 检测器的性能，并分析其在不同后处理情况下的鲁棒性。

Cross-Co-Net and Co-Net 评估：对于测试集的 StyleGAN2 检测任务列于表 11.1，Cross-Co-Net 实现了 99.80% 的测试精确率，略高于无监督情况下 Co-Net 的 98.25%。在 VIPPrint 数据集上，Cross-Co-Net 的测试精确率为 99.53%，而 Co-Net 的测试精确率为 98.60%。总体而言，Cross-Co-Net 在后处理鲁棒性方面比 Co-Net 具有显著优势。针对 JPEG 感知场景，通过重新训练 Co-Net 模型的 JPEG 感知模型，Cross-Co-Net 在 StyleGAN2 数据集上达到了 94.40% 的平均精确率和 93.80% 的最高精确率，相较于 Co-Net 有轻微的提升。在使用 VIPPrint 数据集时，Cross-Co-Net 对于区分具有相似质量特征的 JPEG 格式的真实人脸与伪造人脸图像，其平均精确率达到了 93.05%。Co-Net 模型在相同条件下的测试精确率则为 92.56%。

表 11.1 StyleGAN2 和 VIPPrint 数据集上 Cross-Co-Net 和 Co-Net 对未知场景和 JPEG 场景的精确率

场景	网络	StyleGAN2 数据集	VIPPrint 数据集
未知场景	Cross-Co-Net	99.80%	99.53%
	Co-Net	98.25%	98.60%
支持 JPEG 的场景	Cross-Co-Net	94.40%	93.05%
	Co-Net	93.80%	92.56%

此外，在图 11.5 中分别说明了单个真实图像中光谱特性与空间分布之间的差异。而在图 11.6 中，则展示了使用 StyleGAN2 生成的单张图像与其对应真实图像之间，在颜色饱和度、对比度等方面的不同之处。

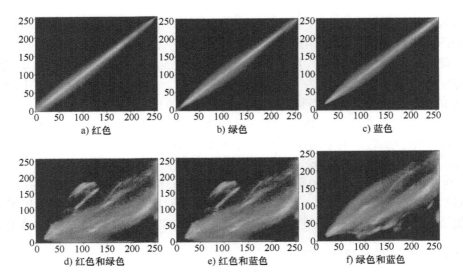

图 11.5 不同通道组合的真实图像共生矩阵的直观表示

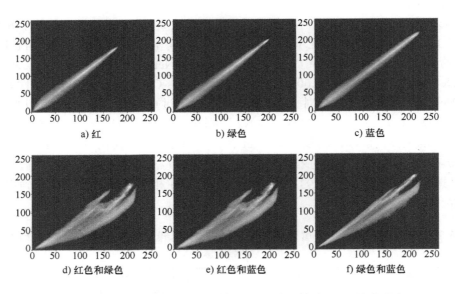

图 11.6 不同通道组合的 GAN 图像的共现矩阵 StyleGAN2 的直观表示

Cross-Co-Net 与 Co-Net 鲁棒性比较：研究充分考虑了 StyleGAN2 和 VIP-Print 数据集，并在表 11.2 中展示了不同后处理操作下测试的准确性。即使面对深入的图像后处理，Cross-Co-Net 在所有情况下都能展现出更高的鲁棒性。特别地，在经过 AHE 和模糊处理、锐化处理的情况下，Cross-Co-Net 的精确率降至 75% 左右或更低。根据 Co-Net 的结果，可以看到网络的精确率在许多情况下接近或等于 50%。出现这种情况的原因主要是，几乎所有经过后处理的 GAN 图像都被误判为真实图像,这表明用于检测 GAN 图像特征的模型伪影在后处理过程中被消除了。相比之下,尽管存在一定的性能损失,Cross-Co-Net 仍然效果出色,这表明通过分析跨频带共现,网络能够深入认识 GAN 图像的特征,从而构建出更加鲁棒的模型。此外,大多数处理改变了像素空间关系而非通道关系,这也是 Cross-Co-Net 对后处理具有较强鲁棒性的另一个重要因素。

表 11.2　StyleGAN 2 和 VIPPrint 数据集进行后处理的鲁棒性

操作	参数	StyleGAN2 数据集		VIPPrint 数据集	
		Cross-Co-Net	Co-Net	Cross-Co-Net	Co-Net
中值滤波	3×3	96.25%	50.00%	95.15%	50.00%
	5×5	90.35%	50.00%	89.25%	50.00%
高斯噪声	0.5	99.95%	86.40%	97.75%	83.10%
	0.8	99.55%	64.10%	97.87%	61.20%
	2	90.70%	50.00%	87.60%	50.00%
AHE	—	75.00%	50.00%	72.00%	50.00%
伽马校正	0.9	99.65%	55.90%	97.60%	52.85%
	0.8	82.50%	50.80%	82.30%	50.00%
	1.2	91.70%	50.15%	90.63%	50.05%
均值模糊	3×3	92.85%	72.50%	90.80%	67.00%
	5×5	85.30%	54.10%	81.00%	50.10%
调整大小	0.9	99.73%	90.78%	97.70%	85.91%
	0.8	99.50%	76.65%	98.50%	73.60%
	0.5	81.50%	50.05%	80.00%	50.00%
缩放	1.1	99.60%	94.95%	99.00%	90.05%
	1.2	99.45%	89.95%	97.10%	84.00%
	1.9	98.60%	57.65%	96.00%	52.30%
旋转	5	99.45%	93.65%	99.00%	90.15%
	10	99.50%	93.65%	98.50%	91.60%
	45	99.50%	71.90%	98.50%	70.09%
裁剪	—	99.80%	92.60%	97.60%	91.32%
模糊锐化	—	73.60%	50.00%	73.00%	51.10%

11.5.3　JPEG 感知跨协作网络的性能和鲁棒性

本小节将介绍基于 JPEG 感知的 Cross-Co-Net 在处理不同 JPEG 压缩质量图像时的效果。该网络能够有效地识别并区分不同 JPEG 压缩质量的图像,显示出良好的性能和鲁棒性。

不同质量因子下的性能:这里进行附加研究验证 JPEG 压缩时 Cross-Co-Net 与 Co-Net 的效能变化情况。在质量因子(QF)设置为 95 的情况下,检测性能降至低于 90%;而当 QF 设为 85 时,性能进一步下降至 80% 以下。值得注意的是，这种由于采用 JPEG 压缩导致效率降低的现象并不令人惊讶。这是因为 FFHQ 数据集中大多数真实世界的图像至少经历了一次 JPEG 格式转换过程，这导致了一定程度上的损失。相比之下，通过 GAN 生成的图像则没有显示出类似的特征。基于以上结果，可以推断神经网络可能会错误地将由压缩引入的视觉误差与特定类别关联起来。当采用不同级别的质量因子（75、80、85、90、95）对模型进行训练后发现，具备 JPEG 感知能力的 Cross-Co-Net 能够在处理同时包含真实及人工合成图片的测试集时达到平均 94.40% 的正确识别率。这意味即使是在特定 QF 值条件下训练出来的模型也具备一定的泛化能力，能够适应其他不同程度的图像压缩环境。此外，表 11.3 展示了 StyleGAN2 生成的数据进行评估的结果，其中包括了各种匹配或不相匹配的质量参数设置。即使面对非最优配置的情况，如 QF 位于 73 至 97 之间变动时，整体预测精度仅略有下降（不超过 1%），充分证明了本节方法的强大适应性和鲁棒性。表 11.3 同样展示了 VIPPrint 样本的分析结果，尽管涉及更为复杂的背景理解，但平均精确率损失仍控制在 3% 以内。

表 11.3　StyleGAN2 和 VIPPrint 数据集的 JPEG 场景 Cross-Co-Net 匹配和不匹配质量因子的精确率

质量因子	精确率	
	StyleGAN2 数据集	VIPPrint 数据集
73	95.40%	93.35%
75	95.83%	93.80%
77	95.93%	93.90%
80	96.35%	96.00%
83	95.73%	93.60%
85	96.28%	93.08%
87	96.50%	96.55%
90	95.70%	93.78%
93	96.60%	96.00%
95	96.10%	96.41%
97	95.80%	93.75%

不同质量因子下的鲁棒性：当在最终压缩之前执行处理操作时，JPEG 感知 Cross-Co-Net 网络产生的性能相当小。对于窗口大小为 5×5 的中值滤波、比例因子为 0.8 的缩放、标准差为 2 的高斯噪声、比例因子为 1.9 的缩放以及 AHE 的场景，分别考虑了 StyleGAN2 和 VIPPrint，并在表 11.4 中展示了 StyleGAN2 的结果，在表 11.5 中展示了 VIPPrint 的结果。这项研究表明，Cross-Co-Net 的 JPEG 感知模型保持鲁棒性，通过跨频带共现集中精力关注颜色带差异是区分真实图像和 GAN 生成图像的有效方法。

表 11.4　用后处理操作符（StyleGAN 2）的 JPEG 场景 Cross-Co-Net 的鲁棒性

质量因子	中值滤波	调整大小	高斯噪声	缩放	AHE
73	93.80%	92.10%	93.00%	92.00%	91.00%
75	94.10%	93.10%	92.80%	94.80%	92.70%
77	94.20%	93.70%	93.30%	94.30%	92.20%
80	94.00%	94.40%	93.50%	94.50%	93.60%
83	94.00%	94.00%	93.01%	94.50%	92.05%
85	93.70%	94.10%	93.40%	93.40%	92.00%
87	94.10%	94.40%	93.40%	94.40%	92.00%
90	94.10%	94.40%	93.10%	94.10%	92.10%
93	94.10%	94.30%	91.10%	94.10%	90.10%
95	94.10%	94.80%	88.30%	94.30%	86.04%
97	94.40%	94.60%	88.05%	94.06%	86.00%

表 11.5　用后处理操作符（VIPPrint）的 JPEG 场景 Cross-Co-Net 的鲁棒性

质量因子	中值滤波	调整大小	高斯噪声	缩放	AHE
73	92.30%	90.60%	90.09%	90.80%	90.25%
75	93.00%	91.70%	90.50%	92.72%	91.00%
77	93.14%	91.40%	91.10%	92.37%	91.10%
80	93.05%	92.70%	91.70%	92.57%	92.50%
83	93.18%	92.20%	91.00%	92.58%	91.55%
85	92.40%	92.00%	91.30%	91.44%	91.00%
87	93.00%	92.20%	91.30%	92.44%	91.00%
90	93.00%	92.80%	91.00%	92.20%	91.02%
93	93.00%	92.70%	90.00%	92.17%	87.00%
95	93.00%	92.50%	83.20%	92.33%	84.44%
97	93.21%	92.50%	83.15%	92.00%	84.05%

11.6　结论和未来工作

本章提出了一种检测高质量 GAN 生成图像的卷积神经网络方法，重点在于识别虚假人脸图像技术的应用。该方法充分利用了光谱带间的差异以及像素间的共现矩阵特性。此外，通过引入跨频带共现矩阵的概念来构建卷积神经网络模型框架，有效提取识别真实图像与 GAN 生成的图片的特征信息。试验结果表明，该方法具有良好的性能效果。值得注意的是，对比仅基于单一空间位置的共现特征进行训练的方式，该方法采用的后处理策略展现出更强的灵活性和适应性，这进一步强调了不同颜色相互关系的重要性。

在即将开展的研究工作中，研究工作将致力于 Cross-Co-Net 在白盒和黑盒场景下的性能，明确当颜色关系被故意改变以干扰检测器的情形。在此情况下，评估该网络对抗具备深厚知识背景对手的能力显得尤为关键。具体来说，需要对卷积神经网络模型执行对抗性用例，以评估共现计算并将梯度反向传播到像素域的效果。

参考文献

[1] Barni, M., Nowroozi, E., Tondi, B.: Higher-order, adversary-aware, double jpeg-detection via selected training on attacked samples. In: 2017 25th European Signal Processing Conference (EUSIPCO). pp. 281–285. IEEE (2017).

[2] Brock, A., Donahue, J., Simonyan, K.: Large scale GAN training for high fidelity natural image synthesis. arXiv preprint arXiv:1809.11096 (2018).

[3] Cozzolino, D., Gragnaniello, D., Verdoliva, L.: Image forgery detection through residual-based local descriptors and block-matching. In: 2014 IEEE International Conference on Image Processing (ICIP). pp. 5297–5301. IEEE (2014).

[4] Ferreira, A., Nowroozi, E., Barni, M.: Vipprint: Validating synthetic image detection and source linking methods on a large scale dataset of printed documents. Journal of Imaging **7**(3), 50 (2021).

[5] Fridrich, J., Kodovsky, J.: Rich models for steganalysis of digital images. IEEE Transactions on information Forensics and Security **7**(3), 868–882 (2012).

[6] Goljan, M., Fridrich, J., Cogranne, R.: Rich model for steganalysis of color images. In: 2014 IEEE International Workshop on Information Forensics and Security (WIFS). pp. 185–190. IEEE (2014).

[7] Goodfellow, I., Pouget-Abadie, J., Mirza, M., Xu, B., Warde-Farley, D., Ozair, S., Courville, A., Bengio, Y.: Generative adversarial nets. Advances in neural information processing systems **27** (2014).

[8] Karras, T., Aila, T., Laine, S., Lehtinen, J.: Progressive growing of gans for improved quality, stability, and variation. arXiv preprint arXiv:1710.10196 (2017).

[9] Karras, T., Laine, S., Aila, T.: A style-based generator architecture for generative adversarial networks. In: Proceedings of the IEEE/CVF Conference on Computer Vision and Pattern Recognition. pp. 4401–4410 (2019).

[10] Karras, T., Laine, S., Aittala, M., Hellsten, J., Lehtinen, J., Aila, T.: Analyzing and improving the image quality of stylegan. In: Proceedings of the IEEE/CVF Conference on Computer Vision and Pattern Recognition. pp. 8110–8119 (2020).

[11] Li, H., Li, B., Tan, S., Huang, J.: Identification of deep network generated images using disparities in color components. Signal Processing **174**, 107616 (2020).

[12] Mansourifar, H., Shi, W.: One-shot gan generated fake face detection. arXiv preprint arXiv:2003.12244 (2020).

[13] Marra, F., Saltori, C., Boato, G., Verdoliva, L.: Incremental learning for the detection and classification of gan-generated images. In: 2019 IEEE International Workshop on Information Forensics and Security (WIFS). pp. 1–6. IEEE (2019).

[14] Matern, F., Riess, C., Stamminger, M.: Exploiting visual artifacts to expose deepfakes and face manipulations. In: 2019 IEEE Winter Applications of Computer Vision Workshops (WACVW). pp. 83–92. IEEE (2019).

[15] McCloskey, S., Albright, M.: Detecting gan-generated imagery using color cues. arXiv preprint arXiv:1812.08247 (2018).

[16] Nataraj, L., Mohammed, T.M., Manjunath, B., Chandrasekaran, S., Flenner, A., Bappy, J.H., Roy-Chowdhury, A.K.: Detecting GAN generated fake images using co-occurrence matrices. Electronic Imaging **2019**(5), 532-1 (2019).

[17] Pevny, T., Bas, P., Fridrich, J.: Steganalysis by subtractive pixel adjacency matrix. IEEE Transactions on information Forensics and Security **5**(2), 215–224 (2010).

[18] Yang, X., Li, Y., Qi, H., Lyu, S.: Exposing GAN-synthesized faces using landmark locations. In: Proceedings of the ACM Workshop on Information Hiding and Multimedia Security. pp. 113–118 (2019).

第 12 章 基于机器学习技术的网络路由器容错

Harinahalli Lokesh Gururaj[1, *], Francesco Flammini[2], Beekanahalli Harish Swathi[1], Nandini Nagaraj[1], Sunil Kumar Byalaru Ramesh[1]

[1] 印度维迪亚瓦尔哈德卡工程学院 CSE 系
[2] 瑞士南方应用科学与艺术大学（CH）
[*] 通信作者
电子邮箱：gururaj1711@vvce.ac.in；francesco.flammini@supsi.ch；swathibh@vvce.ac.in；nandiningaraj963@gmail.com；sunilkumar.br@vvce.ac.in

摘要

企业采用数字技术正以指数级的速度来提高生产力。为保持竞争力，企业需要将移动性、数据分析、云以及物联网（IoT）等最新的数字创新集成到其流程和 IT 系统中。通过自动化方式，只需几秒钟便能实现网络化部署，但这造成了新的配置或设计问题。为解决这些路由问题，采用容错方法为系统提供较高的及时性和精确率。本章研究分布式网络系统中的容错问题，包括广域网（WAN）和城域网（MAN）等大规模网络。本章提出了一种基于 K- 最近邻（KNN）和支持向量机（SVM）等机器学习算法的方法，以解决调度任务中的容错问题。采用 KNN 算法，通过计算作业的能量半径和距离，以识别所产生的集群作业失效重置；采用 SVM，通过考虑混合、核心和单个节点来分析各个节点在不同级别的作业失效，从而分类容错作业。实验结果证明了该方法在网络路由器容错分析中的有效性。

关键词：失效节点检测器，容错，网络系统，服务质量，分布式网络。

12.1 引言

容错已用于通信系统。容错机制，作为互联网发展最快的技术，要求在系统中提供高机会性和高精确率，这在分布式网络系统中尤为突出，一般来说，在大规模环境中极为重要。容错方法可以分为两种类型：主动式和反应式。主动式方法预测错误、故障和失效，并更换可疑组件；反应式方法通过采取必要的措施来减少故障的影响。一些故障处理策略也可以防止故障被重新激活。通常，在分布式系统中，用户希望系统在出现技术失效时仍能运行，即使这些网络系统的一些参与者已经崩溃。参与者数量多，运行时间长，无论每台主机的物理可靠性如何，主机在执行过程中崩溃的概率都是不可避免的。因此，有效地设计和运行系统就必须使系统能够无缝地容忍合理数量的主机失效，且发生大量主机失效是可接受的。失效检测和过程监控是分布式网络系统，如中间系统到中间系统（IS-IS）、集成、运输和空中交通管制系统中大多数容错技术的基本组成。现在，如何在局域网上设计失效检测器相对而言已众所周知，但对于大规模系统来说，这还远远不是一个已解决的问题。这归因于大规模分布式系统存在许多困难，需要加以解决，如果将它们模拟为有线网络环境，如潜在的大量被监控进程、更高的消息丢失概率、系统不断变化的拓扑以及消息延迟的高度不可预测性，所有上述突出的因素都无法通过传统方案加以解决。对于大规模分布式网络系统有效通信及其重要性而言，失效检测器应作为分布式应用间共享的典型通用服务运行，而不是作为冗余的自组织网络。

如果可实现此类通用服务，那么在任何类型的应用中应用失效检测器来确保容错需求都将十分简单。虽然在失效检测方面已经取得了许多突破性的进展，但此类服务仍然是一件遥远的事情。故障发生的原因主要有两个：节点失效和恶意错误。失效也存在不同的类型，如硬件失效、软件失效。容错是一种设置或配置，可防止个人计算机或社区设备在出现意外或错误时发生失效，向客户或企业单位发出计算机或社区容错请求，以预测计算机或网络工具会如何发生失效，并采取措施帮助加以避免。

所谓片上网络的通信基础设施，为在芯片上进行数据路由，需要一个链路器件和模块化路由器，通常使用反应式容错技术，当发生错误时，这些系统会受到影响[1]。基于异常检测技术在观察基于异常的容错机制方面的有效性来对异常检测技术进行比较。在发生失效前，这些异常及类型已被准确检测[25]。

容错提高了系统的精确率和可用性。容错中使用了 3 个必要的术语，即故障、错误和失效，如图 12.1 所示。图 12.1 显示当系统无法满足需求时，便会被认为是失效的。错误是系统状态的一部分，可能导致失效或由故障引发。

图 12.1　故障、错误和失效的关系框图[10]

12.2 相关工作

本节将简要讨论现有的方法及其贡献。已有文献[1]提出了网络多核架构的基本传输，即基于片上系统（System-on-Chip，SoC）架构的片上网络（Network-on-Chip，NoC）。这项技术在故障机制和定时误差等各个领域都有所体现。相关文献提出了一种具有强化学习的主动容错技术，以提高噪声性能和容错能力。文中确定了主动错误处理系统，以便在路由器和传输过程中有效地发现错误并进行修正。这里使用了决策树算法，从而有助于在使用不同故障策略时提高噪声性能。在各种容错策略中选择一个最佳策略，以减少整体网络消耗和延迟。

Srinivasan 等人提出了机器学习过程的 3 个阶段[2]。尤其是，基于机器学习的链路故障识别与定位（ML-LFIL）通过分解从典型流量流中捕获的估计值（包括总流速和丢包率）来识别和限制连接故障。ML-LFIL 基于 3 种策略工作。ML-LFIL 基于 3 种策略进行工作。第一种是识别节点中的连接中断。第二种策略确定连接失效。第三种策略有助于重新连接节点。这里使用了 3 种算法。支持向量机通过识别理想的分隔超平面，有助于将数据隔离为不同的两类。多层感知器（MLP），即反向传播算法，用于训练神经网络。随机森林是一种构造决策树的分类器算法。这些算法基于 mininet 平台训练学习模型。结果表明，ML-LFIL 在辨识连接问题的证明和约束方面具有优势，准确度高达 97%。

Srinivasan 等人还提出了基于机器学习方法的流量工程[3]，以发现链路节点中当前故障。机器学习算法采用被动技术，并使用传播机制来评估网络流量行为。训练模型的各种机器学习算法如下。朴素贝叶斯：在预测和训练过程中复杂性低。逻辑回归：这里，预测过程中在输入特征和输出变量之间进行假设。支持向量机：将信息分离，集中于两类。决策树（DT）：可归类为非线性，关注各种直接的面限制。随机森林：有助于识别信息准备指数中的重要亮点。这些算法有助于在 mininet 平台上使用 iperf3 工具来训练学习模型。结果表明，在所研究的机器学习算法中，随机决策树算法在两种拓扑结构上都优于其他算法，在定位链路故障方面精确率最高。

Feng 等人提出了两种模型[4]，NOC 架构模型和故障模型。片上网络架构基于 Nostrum。分隔片上网络架构与 2D 网状拓扑的边界将输出连接同一交换机的输入。模型故障可分为恒定故障或故障中存在缺陷的链接。输入端口号与偏转交换机的输出端口号相似。由于连接所有 4 条接线，交换机故障图形化。只要不移除该网络，失效区可以是任何形状。建模后，下一步是应用可重构的容错偏转布线算法。其包含 Q 路由、容错偏转路由算法（FTDR）和分层 Q 学习偏转路由算法（FTDR-H）。这里提出以偏转路由算法利用 Q 学习策略改造路由表，从而规避错误。其不受失效区形状的影响。FTDR 算法和 FTDR-H 算法远优于其他缺陷路由算法。

Truong-Huu 等人提出了一种基于流量工程（TE）的机器学习方法[5]，以实现快速、多样化的损失补偿。为每条主路径计算备份路径，并选择具有最大优度值的最佳备份路径。其基于 3 项属性来确定，即丢包率、往返延迟和在源 / 目的地捕获的聚集流大小。这里提出的模型通过各种机器学习方法进行训练，例如梯度提升、线性回归、神经网络、决策树、随机森林和支持向量机。该方法的结果证明损失补偿时间缩短了。

Vindhya 等人提出了具有机器学习算法的自适应路由算法[6]，用于预测 NOC 中的失效。NOC 中的缺陷意味着系统中有不可访问的连接。存在两种情况，可能断开的连接是永久性故障，称为拓扑故障，以及临时故障，即传输过程中的数据丢失。这里讨论基于自适应路由算法的容错。为加以解决，采用机器学习算法预测 NOC 中的失效情况。采用决策树机器学习算法。决策树基于温度和链接利用率等属性，使用 ID3 算法与相关数据集进行构建。结果表明，基于典型基准，NOC 的性能和网络惰性提高了 30%。

Wang 等人则提出了支持向量机[7]；以双指数平滑算法检测光网络中的错误或失效情况。重点在于识别光网络的失效，并从支持向量机所监控训练数据中的支持向量引入决策函数。这是一种二元分类算法。其实际用途是寻找超平面线。在该方法下，一是控制器从收集的信息中选取指标。这些指标包括输入光功率、激光器偏置电流、激光器温度偏移、正常时间、输出光功率和环境温度。二是训练模型，三是预测模型。SVM 和 DES 的结合得到了 85% 的高准确度。

Irfan 等人又提出了容错冗余[8]。在网络中，识别节点或连接失效以进行故障检测推断。这里主要关注通信链路。该故障是互连失效的根源所在。ML 范式使用现有信息以增强决策的重要性。其有效地利用了带宽，还增加了容错的冗余特性。此外，设置和规划的复杂性不利于以确定、逻辑的方式实时解决一问题。在标准定义的监督对象中，存在一个由参数创建的可用数据集。数据包嗅探器（如 Wireshark）是提取网络参数以识别最可能发生错误的工具。

12.2.1 现有方法的比较分析

表 12.1 示出了现有方法的性能。通过文献调查，可从相应的结果中看出这些方法的精确率，及存在一些缺点和不足。基于上述文献调查，提出了相关算法和其能力。

表 12.1 其他方法的对比分析

文献编号	算法	缺点	精确率
[1]	强化学习	由于获取的数据集数量较少，结果不太精确	75.24%
[2]	ML-LFIL 反向传播 随机森林	使用了训练和测试数据集，因此，精确率低	RF-73%

（续）

文献编号	算法	缺点	精确率
[3]	支持向量机 随机森林 决策树	该方法精确率较低	整体精确率在43%到82%之间
[4]	强化学习 FTDR FTDR-H	因为仅基于训练数据集，精确率较低	72%
[5]	决策树 线性回归 神经网络 随机森林 支持向量机	耗时更长且精确率较低	70%
[6]	决策树	采用的数据集数量少	整体精确率在60%到85%之间

12.3 系统架构

本章所提出的系统有助于识别由于特定故障而失效的容错节点，并快速进行恢复和处理。这里采用机器学习技术，如SVM和KNN算法来检测和帮助恢复这些节点。其中，SVM对容错作业进行分类，而KNN用于识别作业失效的距离。恢复这些故障节点，有助于进一步避免失效，并帮助其进入后续流程。

图12.2示出了容错机制设计。每当识别出类似作业的参考信号时，参考信号会被移动至参考控制器。然后该控制器在执行器（处理器）的帮助下进行诊断。一旦故障诊断得到验证，如果存在任何故障，将再次通知重新启动的容错机制。因此，这是一个连续的过程，执行器将持续监控作业设置过程。一旦失效便重新调度进程，如果未被重新调度，就会给出输出。

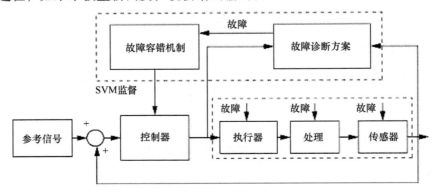

图12.2 架构框图

监督学习在分类问题中较为常见，因为它通常是使计算机学习所创建的分类系统的目标。数字识别也是学习分类的一个常见实例。本节采用了支持向量机和

K 最近邻算法。

如图 12.3 所示，首先，必须在数据集上传后上传数据集，然后进行预处理，以生成训练数据集。下一步，将这些数据集视为经过训练的数据集。然后对测试数据进行分离。此后，基于输入数据进行分类。通过基于 SVM/KNN 比较，提取支持量等特征，进行容错检测，然后重启任务来解决这些问题。

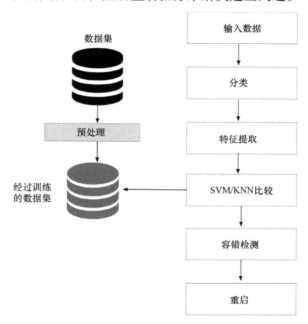

图 12.3　容错检测的执行步骤

12.3.1　支持向量机（SVM）

SVM 是一种监督学习算法，通过构建一个分类器，最大限度地提高训练集中样本之间的分离裕度，由于以这种方式进行 SVM 训练，可以处理极大的特征区域。与传统分类器相比，秩向量的维数对 SVM 的性能没有明显的影响。

这就是其在大数据量分类问题上特别有效的原因所在。这也将有利于细分分类，因为其所具有的特征量是故障诊断的基础，可以不受限制。线性 SVM 分类器的示例如图 12.4 所示。SVM 中的二元分类问题需要特别关注，这是最常见的情况，其中数据集恰好有两类。SVM 的主要目标是在 y_0 类（正样本）和 y_1 类（负样本）的数据样本之间生成超平面函数 $f(x)$。考虑设一个训练集。

图 12.4a 描述了一个使用 SVM 生成的线性分类器（实线）的实例。定义边界（支持向量）的样本被圈出。对于样本 (x_1, y_1)，(x_2, y_2)，(x_3, y_3)，…，(x_m, y_n) 其中，对于 $d_i = +1$，$wTx + b \geq 0$；对于 $d_i = -1$，$wTx + b < 0$。SVM 的目标是找出一个最优超平面。

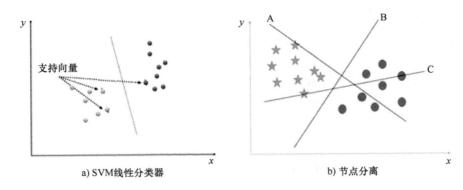

图 12.4　SVM 示例

任意直线到给定点的距离由 $ax+by+c=0$ 给出，若 (x_0,y_0) 取为 d，超平面的距离由下式给出

$$wT\phi(x)+b=0$$

则可写成为

$$d_H(\phi(x_0))=\frac{|w^t|(\phi(x_0))+b}{\|w\|_2} \quad (12.1)$$

式中，w 是垂直于超平面 $f(x)$ 的法向量；b 是常数。除非另有说明，否则 w 和 b 都是与最近样本具有最大距离的加权因子。

令 w 表示 w 长度的欧几里德范数，由下式给出：

$$\|w\|_2 =: \sqrt{w_1^2+w_1^2+w_1^2+\cdots+w_n^2} \quad (12.2)$$

使用拉格朗日乘子，这个问题可以表述为二次规划（QP）优化问题：

$$L(x,a)=f(x)-ag(x)$$

式中，$\nabla(x,a)=0$。

偏导数 w.r.t.x 恢复正常平行约束。

偏导数 λ 恢复 $g(x,y)=0$。

通常，

$$L(x,a)=f(x)+\sum\_i a\_(i)\ g\_i(x)$$

拉格朗日公式定义为

$$\min L_p = \|w\|^2 - \sum_{i=1}^{l} a_i y_i(x_i \cdot w + b)\sum_{i=1}^{i} a_i \quad (12.3)$$

式中，L_p 表示优化问题的原始形式。

算法一：支持向量机（SVM）
步骤 1：收集用于训练的容错数据集特征。
步骤 2：使用所有训练样本进行训练并将其初始化为 SVM。
步骤 3：找到每个特征的最佳容错特征并对它们进行分类。
步骤 4：计算每个相关特征的广义值。
步骤 5：对特征进行排序，找出最有用的特征。
步骤 6：在 SVM 中再次重新训练剩余的样本。
步骤 7：二元特征分类。

12.3.2 *K*- 近邻（KNN）

K- 近邻是一种简单而有效的分类方法。关于 KNN 的主要缺点如下：首先是效率低，作为一种消极学习方法，在许多应用中是禁用的，如对大型知识库的动态 web 挖掘；再者依赖于选择 *K* 的最佳值。

算法二：*K*- 近邻（KNN）
步骤 1：原始数据：在这一阶段，从 Kaggle 或 Gitup 中提取历史容错数据，并利用这些历史数据来预测故障节点。
步骤 2：下一步是数据预处理。数据预处理步骤如下：
a）数据转换：标准化；
b）数据清理：填写缺失空值；
c）数据集成：数据文件集成。
将数据集转换为纯数据集后，该数据集将被分成训练集和测试集进行评估。这里，将训练值取为更近期的值。测试数据占总数据集的 20%。
步骤 3：用户现在输入相关数据，以查找和解决容错问题。如果出现这种情况，则称为测试数据集。
步骤 4：现在，使用 KNN 算法，根据系统需求对上传数据集进行分类，为下一步特征提取做准备。初始化从测试数据集中获取的 *K* 值，根据所获得的 *K* 值，计算距离，考虑最近邻，并进行分类。
步骤 5：特征提取：在这一层只提取要馈送的特征，将从上述分类过程中选择特征。
步骤 6：这里将相关数据与采用 KNN 的训练数据进行比较，预测容错，并帮助故障节点重启。从分类中获得的数据是混合的，即无监督的。然后，使用 KNN 进行比较和聚类，以预测和分析节点故障，并帮助其重启。

如图 12.5 所示，必须将 *K* 值初始化为增值，范围在 20% 之间。然后计算网络中出现的每个作业的距离。这里，根据通过半径的距离对作业进行分类。识别定位执行器，然后重启服务器的作业分类。

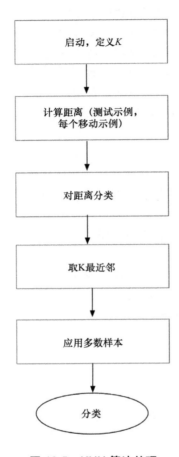

图 12.5　KNN 算法处理

对于现有系统中不同的机器学习算法及其性能，KNN 算法给出了更高的精确率。该项目同时考虑了 KNN 算法和 SVM 算法来进行网络路由器容错分析。这两种算法的精确率高达 95%。

表 12.2　实验设置

名称	所用实体
平台	Google Colab、Jupyternotebook
生成数据	数据已在园区网络中生成
试验	基于测试和训练数据集进行迭代测试
预处理	采用支持向量机算法进行预处理

12.4 结果分析

本节的图片展示了所提出方法的结果。为进行网络路由器容错分析,采用了 K- 近邻和支持向量机算法有效地预测节点失效。

图 12.6 示出了具体的迭代级别、时间成本、识别作业过程的估计,以及混合数据的半径频率。这些特征对于将每个作业作为均值处理,以及重启作业的精确率而言是必需的。最后,定义了作业的时间成本投入和作业重新初始化的精确率。

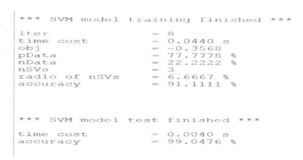

图 12.6 时间成本与混合内核精确率

图 12.7 示出了每个作业的半径和距离的图形表示,其出现在网络中,也是基于作业的。因此将有助于对作业进行分类,无论是否需要重启。

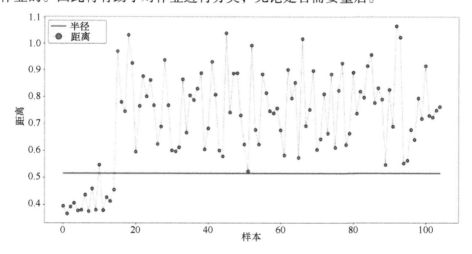

图 12.7 针对容错,采用 SVM 进行半径与距离计算

图 12.8 示出了具体迭代级别、时间成本、估计、识别作业的精确率。这些表面特征对于进行一系列动作以实现每次重启任务的结果而言是必要的。一段时间后,其定义了任务的机会成本投入以及任务重新初始化的准确性或正确性。

图 12.9 示出了在作业调度中已启动作业的热图表示。这里,为网络中配置的测试数据集、训练数据集和支持向量定义了槽或节点。

图 12.10 说明了单内核的迭代、时间成本和每个节点的精确率。这些要素对于将每个作业转换为均值,以及重启作业的效率而言是必需的。最后,其定义了作业的时间成本投入和作业重新初始化的精确率。

```
*** SVM model training finished ***
iter            = 13
time cost       = 0.0312 s
obj             = -0.7767
pData           = 87.5000 %
nData           = 12.5000 %
nSVs            = 13
radio of nSVs   = 6.5000 %
accuracy        = 97.5000 %


*** SVM model test finished ***
time cost       = 0.0156 s
accuracy        = 96.6667 %

Calculating the grid (0100*0100) scores...
Grid scores completed. Time cost 3.0622 s
```

图 12.8　时间成本与线性内核精确率

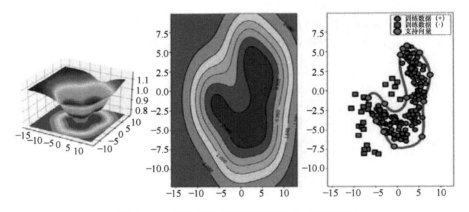

图 12.9　采用内核的容错热图生成（见彩插）

```
*** SVM model training finished
iter            = 9
time cost       = 0.0469 s
obj             = -0.7960
pData           = 100.0000 %
nData           = 0.0000 %
nSVs            = 34
radio of nSVs   = 34.0000 %
accuracy        = 99.0000 %



*** SVM model test finished ***
time cost       = 0.0000 s
accuracy        = 96.3542 %
```

图 12.10　时间成本与单内核精确率

图 12.11 示出了网络中每个任务的半径和距离的图形表示,并建立了单吞吐量作业,因此将对任务进行分类,无论是否需要重启。

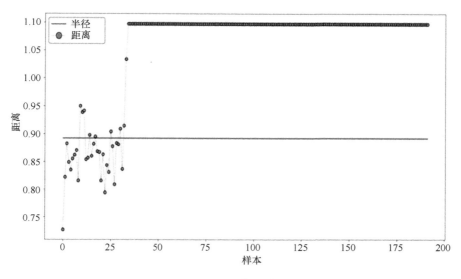

图 12.11 单吞吐量

图 12.12 示出了曲线下面积(AUC)计算,通过分析假阳性率(FPR)和真阳性率(TPR,也称为灵敏度)给出了计算方法。这里测量的分类器可用于区分作业重新调度期间已生成的类别和已终止的类别。

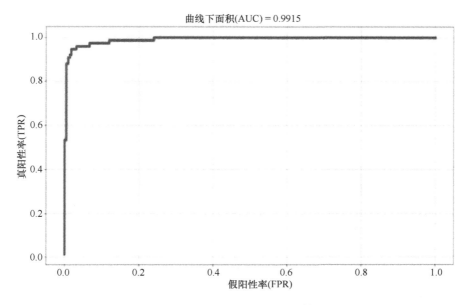

图 12.12 节点的 AUC 计算

图 12.13 描绘了每个任务的半径和距离的图形说明，呈现于主要基于 KNN 模型的网络中。KNN 的运算完全基于最邻近的一个或几个样本的类别。KNN 的输出是新样本的简练标签，预计主要基于一个或多个最邻近的样本。KNN 效应可能还会增大偏差，因为其只基于最邻近的样本。

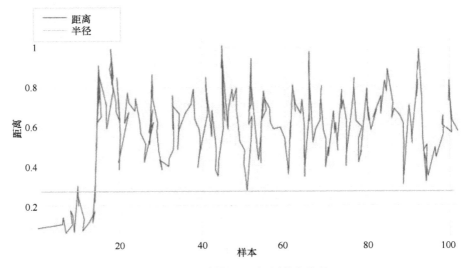

图 12.13　采用 KNN 识别节点失效

图 12.14 示出了每次任务的半径和距离的图形说明，呈现于主要基于 SVM 模型的网络中。SVM 模型可以解决非线性决策边界问题。需要内核函数运算来识别故障节点。多项式、高斯和弧度偏差是 SVM 常用的内核函数。

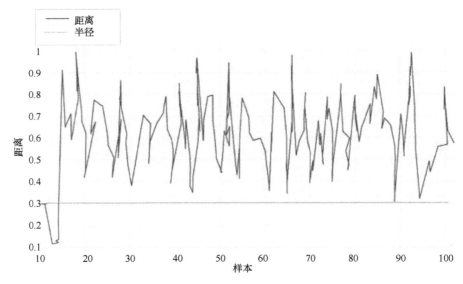

图 12.14　采用 SVM 识别节点失效

图 12.15 比较了 SVM 和 KNN 在识别故障节点方面的精确率。SVM 和 KNN 举例说明了设备学习中的许多重要交换。SVM 在计算方面不像 KNN 那么令人担忧，解释起来也没有那么困难。不过，其挑选出的模式集极为简单有限。另一方面，KNN 可以发现复杂的模式，但是其输出很难解释。比较该图得出结论，与 KNN 相比，SVM 的精确率更高。

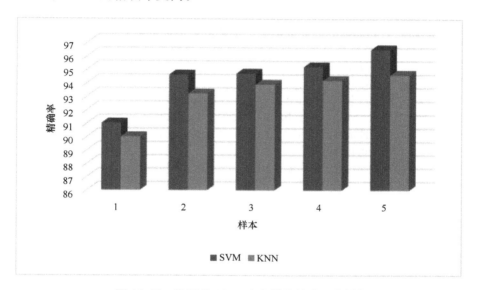

图 12.15　SVM 和 KNN 之间的比较（见彩插）

12.5　结论

本章提出的方法采用 SVM 和 KNN 算法，通过考虑能量半径和距离来解决作业调度中的容错问题。本章提出了解决集群中失效作业启动问题的方法，目前已经认识到每一层都存在故障和容错问题。首先探讨相关节点故障检测，这是支持分布式系统可靠性的一个重要问题，通常是节点故障时的一个重要性能瓶颈。本章分析了失效检测，考虑了混合、内核、单节点，及采用机器学习技术的曲线下面积（AUC）计算、时间成本，并在可靠性和能量方面以更好的解决方案有效地处理失效节点。这意味着要实现容错，必须针对不同的方面和特征，任何单一技术都无法提供商业网络所期望的可靠性。采用机器学习技术，SVM 和 KNN 可被有效地用于网络路由器容错分析。

参考文献

[1] Ke Wang, Ahmed Louri, Avinash Karanth, Razvan Bunescu, "High-Performance, Energy-Efficient, Fault-Tolerant Network-on-Chip Design

Using Reinforcement Learning," 2019 Design, Automation & Test in Europe Conference & Exhibition, March 25-29, 2019, Florence, Italy.

[2] Srinikethan Madapuzi Srinivasan, Tram Truong-Huu, "Machine Learning-based Link Fault Identification and Localization in Complex Networks," *IEEE Internet of Things Journal*, vol. 6, no. 4, pp. 6556-6566, 2019.

[3] Srinikethan Madapuzi Srinivasan, Tram Truong-Huu, Mohan Gurusamy, "TE-Based Machine Learning Techniques for Link Fault localization in Complex Networks," *IEEE 6th International Conference on Future Internet of Things and Cloud*, August 6-8, 2018, Barcelona, Spain.

[4] Chaochao Feng, Zhonghai Lu, Axel Jantsch, Jinwen Li, Minxuan Zhang, "A Reconfigurable Fault-Tolerant Deflection Routing Algorithm based on Reinforcement Learning for Network-on-Chip (NOC)," NoCArc'10, December 4, 2010, Atlanta, GA, USA.

[5] Tram Truong-Huu, Prarthana Prathap, Purnima Murali Mohan, Mohan Gurusamy, "Fast and Adaptive Failure Recovery using Machine Learning in Software Defined Networks," *IEEE International Conference on Communications Workshops*, July 11, 2019.

[6] Vindhya N. S., Vidyavathi B. M., "Network on Chip: A Review of Fault Tolerant Adaptive Routing Algorithm," 2018 3rd International Conference on Electrical, Electronics, Communication, Computer Technologies and Optimization Techniques, December 14-15, 2018.

[7] Zhilong Wang, Min Zhang, Danshi Wang, Chung Song, Min Liu, Jin Li, Lioi Lou, Zhuo Liu, "Failure Prediction using Machine Learning and Time Series in Optical Network," *Optics Express*, vol. 25, no. 16, 2017.

[8] Bashir Mohammed, Irfan Awan, Hassan Ugail, Muhammad Younas, "Failure Prediction using Machine Learning in a Virtualized HPC System and Application," *Cluster Computing*, vol. 22, pp. 471-485, 2019.

[9] Guoliang Zhu Kai Lu, Xu Li, Kai Lu, "A Fault-Tolerant K-Means Algorithm based on Storage-Class Memory," *IEEE 4th International Conference on Software Engineering and Service Science (ICSESS)*, May 25, 2013.

[10] Kasem Khalil, Omar Eldash, Ashok Kumar, Magdy Bayoumi, "Machine Learning-Based Approach for Hardware Faults Prediction," *IEEE Transactions on Circuits and Systems I: Regular Papers*, vol. 67, no. 11, pp. 3880-3892, 2020.

[11] Deepak Sharma, Pravin Chandra, "Software Fault Prediction Using Machine-Learning Techniques," *Smart Computing and Informatics*, vol. 78, 29 October 2017.

[12] Aurick Qiao, Bryon Aragam, Bingjing Zhang, Eric P. Xing, "Fault Tolerance in Iterative-Convergent Machine Learning," *36th International*

Conference on Machine Learning, PMLR97, pp. 5220-5230, 2019, Long Beach, CA, USA.

[13] Taiwo Oladipupo Ayodele, "Types of Machine Learning Algorithms," InTech, 2010.

[14] Ayon Dey, "Machine Learning Algorithms: A Review," *International Journal of Computer Science and Information Technologies*, vol. 7, no. 3, pp. 1174-1179, 2016.

[15] Gongde Guo, Hui Wang, David Bell, Yaxin Bi, Kieran Greer, "KNN Model-Based Approach in Classification," In: Meersman R., Tari Z., Schmidt D. C. (eds), On The Move to Meaningful Internet Systems 2003: CoopIS, DOA, and ODBASE. OTM 2003. Lecture Notes in Computer Science, vol. 2888. Springer, Berlin, Heidelberg.

[16] Ashis Pradhan, "Support Vector Machine – A Survey," *International Journal of Emerging Technology and Advanced Engineering*, vol. 2, no. 8, pp. 82-85, 2012.

[17] Achmad Widodo, Bo-Suk Yang, "Support Vector Machine in Machine Condition Monitoring and Fault Diagnosis," *Mechanical Systems and Signal Processing*, vol. 21, no. 6, pp. 2560-2574, 2007.

[18] Hitesh Mohapatra, Amiya Kumar Rath, "Fault-Tolerant Mechanism for Wireless Sensor Network," *IET Wireless Sensor Systems*, vol. 10, no. 1, pp. 23-30, 2020.

[19] Samira Chouikhi, In'es El Korbi, Yacine Ghamri-Doudane, Leila Azouz Saidane, "A Survey on Fault Tolerance in Small and Large Scale Wireless Sensor Networks," *Computer Communications*, vol. 69, pp. 22-37, 2015.

[20] Mohammad Abu, Alsheikh, Shaowei Lin, Dusit Niyato, Hwee-Pink Tan, "Machine Learning in Wireless Sensor Networks: Algorithms, Strategies, and Applications," *IEEE Communications Surveys & Tutorials*, vol. 16, no. 4, pp. 1996-2018, 2014.

[21] N. Satheesh, M. V. Rathnamma, G. Rajeshkumar, P. Vidya Sagar, Pankaj Dadheech, S. R. Dogiwal, Priya Velayutham, Sudhakar Sengan, "Flow-based Anomaly Intrusion Detection using Machine Learning Model with Software Defined Networking for OpenFlow Network," *Micro Processors and Microsystems*, vol. 79, 103285, 2020.

[22] Raouf Boutaba, Mohammad A. Salahuddin, Noura Limam, Sara Ayoubi, Nashid Shahriar Felipe Estrada-Solan, Oscar M. Caicedo, "A Comprehensive Survey on Machine Learning for Networking: Evolution, Applications, and Research Opportunities," *Journal of Internet Service and Application*, vol. 9, 16, 2018.

[23] Saad Ahmad Khan, Ladislau Bölöni, Damla Turgut, "Bridge Protection Algorithms Technique for Fault Tolerance in Sensor Networks," *Ad Hoc Networks*, vol. 24, part A, pp. 186-199, 2015.

[24] Martin Radetzki, Chaochao Feng, Xueqian Zhao, Axel Jantsch, "Meth-

ods for Fault Tolerance in Networks-on-Chip," *ACM Computer Survey*, vol. 46, no. 1, pp. 1-38, 2013.

[25] Shi Jin, Zhaobo Zhang, Krishnendu Chakrabarty, "Towards Predictive Fault Tolerance in a Core-Router System: Anomaly Detection Using Correlation-Based Time-Series Analysis," *IEEE Transactions on Computer-Aided Design of Integrated Circuits and Systems*, vol. 37, no. 10, pp. 2111-2124, 2018.

[26] Samurdhi Karunaratne, Haris Gacanin, "An Overview of Machine Learning Approaches in Wireless Mesh Networks," *IEEE Communications Magazine*, vol. 57, no. 4, pp. 102-108, 2019.

[27] Mowei Wang, Yong Cui, Xin Wang, Shihan Xiao, Junchen Jiang, "Machine Learning for Networking: Workflow, Advances, and Opportunities," *IEEE Network*, vol. 32, no. 2, pp. 92-99, 2018.

[28] Yas A. Alsultanny, "Fault Tolerance Effect on Computer Networks Availability," IADIS International Conference e-Learning, 2013.

[29] Tsang-Yi Wang, Yunghsiang S. Han, Pramod K. Varshney, Po-Ning Chen, "Distributed Fault-Tolerant Classification in Wireless Sensor Networks," *IEEE Journal on Selected Areas in Communications*, vol. 23, no. 4, pp. 724-734, 2005.

[30] Yunxia Feng, Shaojie Tang, Guojun Dai, "Fault-Tolerant Data Aggregation Scheduling with Local Information in Wireless Sensor Networks," *Tsinghua Science and Technology*, vol. 16, no. 5, pp. 451-463, 2011.

[31] Myeong-Hyeon Lee, Yoon-Hwa Choi, "Fault Detection of Wireless Sensor Networks," *Computer Communications*, vol. 31, no. 14, pp. 3469-3475, 2008.